Turbulente wandgebundene Strömungen bei kleinen Reynoldszahlen

Der Technischen Fakultät der Universität Erlangen-Nürnberg

zur Erlangung des Grades

DOKTOR-INGENIEUR

vorgelegt von
Martin Fischer

Erlangen 1999

Als Dissertation genehmigt von der
Technischen Fakultät der
Universität Erlangen Nürnberg

Tag der Einreichung:	05. 01. 2000
Tag der Promotion:	11. 04. 2000
Dekan:	Prof. Dr. H. Meerkamm
Berichterstatter:	Prof. Dr. Dr. h.c. F. Durst
	Prof. Dr. C. Tropea

Martin Fischer

TURBULENTE WANDGEBUNDENE STRÖMUNGEN BEI KLEINEN REYNOLDSZAHLEN

ibidem-Verlag
Stuttgart

Die Deutsche Bibliothek - CIP-Einheitsaufnahme:

Ein Titeldatensatz für diese Publikation ist bei
Der Deutschen Bibliothek erhältlich

∞

Gedruckt auf alterungsbeständigem, säurefreien Papier
Printed on acid-free paper

ISBN: 3-89821-028-6

Printed in Germany

Inhaltsverzeichnis

Symbolverzeichnis

A	Invariantenfunktion für den Hauptterm der k-Produktion
a_{ij}	Anisotropie-Tensor der Reynoldsspannung
B	Invariantenfunktion für den zusätzlichen k-Produktionsterm
c_f	Wandreibungskoeffizient
c_r	Wellenausbreitungsgeschwindigkeit
D_k	viskose Diffusion in der k-Gleichung
D_ϵ	viskose Vernichtung in der Dissipationsgleichung
d_i	Abmessung des LDA-Messvolumens in Richtung der i-ten Koordinate
F	Gewichtungsfunktion zur Interpolation innerhalb der Invariantenkarte
F_i	„Flachheit" (Flatness) der Geschwindigkeitsableitung
G	Wahrscheinlichkeit für die Detektion eines Teilchens im LDA-Messvolumen
H	Kanalhöhe
h	halbe Kanalhöhe bzw. Grenzschichtdicke
II_a	zweite Invariante des Anisotropie-Tensors a_{ij}
III_a	dritte Invariante des Anisotropie-Tensors a_{ij}
J	Invariantenfunktion für den k-Transportterm
k	turbulente kinetische Energie $k = \frac{1}{2}q^2$
k	Rauigkeitshöhe
L_{int}	integrales Längenmaß
N	Anzahl unabhängiger LDA-Messereignisse pro Messpunkt
N_{pos}	Anzahl der zu untersuchenden Messpositionen
$\dot{N}$	LDA-Datenrate
p	fluktuierender Anteil des Druckes
P	Momentanwert des Druckes
$\overline{P}$	Mittelwert des Druckes
P_k	Produktionsterm in der k-Gleichung
P_ϵ^i	Produktionsterme ($i = 1$ bis 4) in der Dissipationsgleichung
q	$q^2 = \overline{u_1^2} + \overline{u_2^2} + \overline{u_3^2}$
Re_c	Reynoldszahl basierend auf der Breite des Kanals H und der Geschwindigkeit auf Kanalmitte $\overline{U_c}$
Re_{crit}	kritische Reynoldszahl
Re_m	Reynoldszahl basierend auf der Breite des Kanals H und der über die Kanalbreite gemittelten Geschwindigkeit U_m
Re_λ	turbulente Reynoldszahl gebildet mit dem Taylor-Mikromaß λ und q
Re_θ	Reynoldszahl gebildet mit der Impulsverlustdicke θ und der Außengeschwindigkeit U_∞
Re_τ	Reynoldszahl gebildet mit der Schubspannungsgeschwindigkeit θ und der halben Kanalhöhe h
Re_u	Reynoldszahl gebildet mit der Grenzschichtdicke am Umschlagsort
Re_{x_k}	Reynoldszahl gebildet mit der Position des Rauigkeitselements
Re_{x_u}	Reynoldszahl gebildet mit der Position des Umschlagsorts
Re_u	Reynoldszahl gebildet mit der Grenzschichtdicke am Umschlagsort

S_i	„Schiefe" (Skewness) der Geschwindigkeitsableitung
S_{ij}	Tensor der Spannungsrate der mittleren Deformation
t	Zeit
T	Messdauer pro LDA-Messposition
T_{ges}	Gesamtmessdauer für alle LDA-Messpositionen
T_k	turbulenter Transport in der k-Gleichung
T_ϵ	Transportterm in der Dissipationsgleichung
$\overline{U_i}, i = 1,2,3$	Mittlere Geschwindigkeitskomponente
U_i^+	Geschwindigkeitskomponente in innerer Skalierung ($U_i^+ = I_i/u_\tau$)
$u_i, i = 1,2,3$	fluktuierende Geschwindigkeitskomponente
u_τ	Schubspannungs-Geschwindigkeit
τ_w	Wandschubspannung
x_i	Kartesische Koordinaten
$x_{i,c}$	Koordinate des Zentrums des Messvolumens
x_i^+	normierte Koordinaten in innerer Skalierung ($x_i^+ = x_i u_\tau/\nu$)
Y	Gewichtungsfunktion zur Interpolation innerhalb der Grenzzustände in der Invariantenkarte

Griechische Symbole

α	Landau'sche Konstante
δ_{ij}	Kronecker-Symbol
ϵ	turbulente Dissipationsrate
ε	Störungsparameter $1/Re_\tau$
ϵ_h	homogener Teil der Dissipationsrate
ϵ_{ij}	Tensor der Dissipationsrate
η	Kolmogorov'sches Mikrolängenmaß
γ	Intermittenzfaktor
λ	Taylor'sches Mikrolängenmaß
ν	kinematische Viskosität
ν_t	turbulente Viskosität
ξ_k	Koordinatensystem für Zweipunkt-Korrelationsfunktion
Π_{ij}	Druckterm der $\overline{u_i u_j}$-Gleichung
Π_k	Druckterm der k-Gleichung
Π_ϵ	Druckterm der ϵ-Gleichung
ρ	Dichte
σ	Realteil der Störfrequenz ω
τ	Imaginärteil der Störfrequenz ω
ψ	Invariantenfunktion für den k-Senkenterm
Υ	Term viskoser Vernichtung in der ϵ-Gleichung
ω	Störfrequenz ($\omega = \sigma + i\tau$)

Kapitel 1

Einleitung

1.1 Was ist Turbulenz?

Der Beginn aller Wissenschaften ist das Erstaunen,
dass die Dinge sind, wie sie sind.

Aristoteles (384 v. Chr. - 322 v. Chr.)

Der laminare Zustand eines Fluids der Viskosität ν zeichnet sich durch ein hohes Maß an Ordnung und Regelmäßigkeit aus. Überschreitet jedoch das Verhältnis aus Trägheitskräften und Zähigkeitskräften einen bestimmten, „kritischen“ Wert, entsteht über eine Folge von Strömungsinstabilitäten ein neuer Zustand, der als turbulent bezeichnet wird. Der hierfür entscheidende Parameter, die Reynoldszahl Re, ist definiert als das Verhältnis aus dem Produkt einer charakteristischen Länge L mit einer charakteristischen Geschwindigkeit U und aus der kinematischen Viskosität ν:

$$Re = \frac{UL}{\nu} \tag{1.1}$$

Die kritische Reynoldszahl hängt von den Randbedingungen des Strömungsproblems, also vom Anfangszustand und von der Strömungsgeometrie, ab.

Voraussetzung für eine korrekte Behandlung des Themas ist eine eindeutige Definition des Begriffs *Turbulenz*. Sucht man nach seiner Herkunft, so findet man die folgende Beschreibung des Adjektivs *turbulent*[1]:

> „stürmisch, lärmend“: Das seit dem 15. Jh. vereinzelt bezeugte, seit dem 18 Jh. gebräuchliche Adjektiv ist aus *lat.* turbulentus „unruhig, bewegt, stürmisch usw.“ entlehnt. Stammwort ist *lat.* turba „Verwirrung; Lärm; Gedränge; Schar; Haufen“, das zusammen mit *lat.* turbo (turbinis) „Wirbel; Sturm; Kreisel“ zu der unter *Quirl* genannten *idg.* Wortfamilie gehört. ...

[1]Duden, „Etymologie“, 2., völlig neu bearb. u. erw. Aufl./ von Günther Drosdowski. Mannheim; Wien; Zürich: Dudenverl., 1989

Wenngleich die etymologische Betrachtung bereits einige interessante Aspekte von Turbulenz offenbart (Es entstehen Assoziationen zu großen Geschwindigkeiten, Unordnung, Verwirbelung oder zu Lärmentstehung durch Druckschwankungen.), so benötigt das Phänomen als Gegenstand wissenschaftlicher Untersuchungen eine genauere Bestimmung. Solange aber die Mechanismen turbulenter Strömungen nicht vollständig geklärt sind, muss hier zunächst eine vorläufige Beschreibung dienen, die eine möglichst gute Abgrenzung und Charakterisierung ermöglichen soll:

- **Chaotisches Verhalten**
  Die Nichtlinearität der Bestimmungsgleichungen führt zu Instabilität und somit zu unregelmäßigem Verhalten in Ort und Zeit. Kleine Unterschiede in Position oder Geschwindigkeit eines Fluidelementes wachsen sehr schnell an. Dies erklärt die große Diffusivität turbulenter Strömungen.

- **Dreikomponentalität**
  Die turbulenten Schwankungen finden in allen drei Geschwindigkeitskomponenten statt und sind rotationsbehaftet.

- **Energiedissipation**
  Durch Turbulenz wird der Strömung sehr effizient kinetische Energie entzogen und in Wärme überführt.

- **Skaleninvarianz**
  Während im laminaren Fall die Abmessungen der auftretenden Strömungsstrukturen vollständig durch die äußeren Randbedingungen bestimmt sind, fehlt entwickelter Turbulenz über weite Skalenbereiche ein natürlicher Maßstab: Die Strömung ist statistisch selbstähnlich bei der Betrachung ihrer Strukturen auf verschiedenen Maßstäben.

Die eben aufgeführten Eigenschaften sollen kurz am Beispiel der Metereologie veranschaulicht werden. Bereits kleine Unsicherheiten im Wissen über die Ausgangssituation der Strömungen in der Erdatmosphäre machen korrekte Wetterprognosen über größere Zeiträume unmöglich [2]. Mit den turbulenten Luftströmungen werden Wärme, Feuchtigkeit und selbst Feststoffteilchen über große Distanzen hinweg transportiert. Wegen des energieumwandelnden Charakters der Turbulenz würden die atmosphärischen Strömungen ohne die kontinuierliche Zufuhr von Energie durch Erdrotation und Sonnenenergie zum Stillstand kommen. Die Größen der Stömungsstrukturen reichen von Wirbelstrukturen sehr großer Abmessungen, die das Auftreten von Hoch- und Tiefdruckgebieten bewirken, bis hin zu den kleinsten Wirbeln, die für das „Rauschen“ des Windes verantwortlich sind.

Das Verständnis des Phänomens Turbulenz ist von großer Bedeutung für den Umgang mit natürlichen und technischen Strömungsprozessen. So hängt z.B. eine zuverlässige Prognose möglicher Änderungen des globalen Klimas von der korrekten Beschreibung der Turbulenz an der Erd- bzw. Meeresoberfläche ab. Druckverluste beim Transport von Fluiden

[2]Edward N. Lorenz fand heraus, dass „mikroskopische“ Unterschiede der Anfangszustände makroskopische Wirkung haben können. Man spricht daher häufig vom „Schmetterlingseffekt“.

durch Rohre können die Betriebskosten von Anlagen für Rohstoffförderung, Energieerzeugung oder chemische Prozesse entscheidend beeinflussen. Ein wichtiger Faktor für eine Reduzierung von Treibstoffkosten ist die Verminderung des Strömungswiderstandes von Fahrzeugen, der durch die Scherkräfte an der Wand und durch den Druckverlust im turbulenten Nachlauf bestimmt wird. Die genannten Beispiele illustrieren, dass viele turbulente Strömungen über ihre Wechselwirkung mit festen Bewandungen spezifiziert sind. In diesem Zusammenhang wird ein Dilemma der gegenwärtigen Turbulenzforschung deutlich: Obwohl die Werkzeuge für eine Berechnung turbulenter Strömungen an vielen Stellen dringend benötigt werden, ist es bisher noch nicht gelungen, ein Turbulenzmodell zu entwickeln, welches in der Lage ist, für die gesamte Variationsbreite turbulenter Strömungen Vorhersagen hoher Qualität zu machen. [3] Da für eine weitergehende Optimierung technischer Verfahren quantitativ korrekte Strömungsvorhersagen immer unverzichtbarer werden, wird eine Verbesserung der Turbulenzmodelle immer notwendiger.

Wissenschaftler aus verschiedenen Fachgebieten arbeiten an der Lösung des Turbulenzproblems. Während aus der Sicht der Physik primär das Verständnis der elementaren Prozesse in turbulenten Strömungen im Vordergrund steht, ist es das Ziel der Ingenieurwissenschaften, Vorhersagen für technisch interessierende Strömungsvorgänge zu ermöglichen. Hierbei ist es für die Lösung von praktischen Problemen häufig ausreichend, zu Erkenntnissen über zeitlich gemittelte Turbulenzgrößen zu kommen. Neben einer statistischen Beschreibungsweise wird auch versucht, Turbulenz durch eine reduzierte Anzahl von Freiheitsgraden mittels sogenannter kohärenter bzw. multifraktaler Strukturen zu beschreiben. Die Kluft zwischen anwendungsorientierter und mathematisch ausgerichteter Turbulenzforschung ist bis heute unübersehbar und die Übertragung der Aussagen verschiedener wissenschaftlicher Richtungen ist schwierig.

Voraussetzung für eine verbesserte Modellbildung ist die genaue Kenntnis des Verhaltens grundlegender Strömungen. Für die Generierung von Datensätzen solcher Strömungen müssen Untersuchungsmethoden eingesetzt werden, die an die besonderen Eigenschaften von Turbulenz angepasst sind. So erfordert die große Bandbreite an Skalen in turbulenten Strömungen eine räumlich und zeitlich so hochauflösende Messmethode, dass selbst die feinsten Strömungsstrukturen noch erfassbar sind. Da Turbulenz Schwankungen in allen Raumrichtungen beinhaltet, muss die Messmethode in der Lage sein, alle drei Strömungskomponenten zu bestimmen. Das irreguläre Verhalten erfordert für eine statistische Betrachtung die Aufnahme sehr vieler statistisch unabhängiger Ereignisse. Durch die Entwicklung und die zunehmende Verfeinerung der hochauflösenden Messtechniken Hitzdrahtanemometrie und Laser-Doppler-Anemometrie wurde es im Verlauf der letzten Jahrzehnte zunehmend besser möglich, diese Anforderungen zu erfüllen.

Der wandnahe Bereich ist für technische Anwendungen besonders wichtig, da hier der Großteil der turbulenten Energie erzeugt wird. So werden Wärme- und Stofftransport sowie chemische Reaktionen sehr stark von der Turbulenzstruktur in Wandnähe beeinflusst. Allerdings werden diese Vorgänge gegenwärtig nur unzureichend wiedergegeben, da die

[3] Dem englischen Physiker Sir Horace Lamb, Autor eines Standardwerks zur Hydrodynamik, wird folgende Aussage zugeschrieben: *„Ich bin jetzt ein alter Mann, und wenn ich sterbe und in den Himmel komme, dann hoffe ich auf Erleuchtung in zwei Dingen. Das erste ist die Quantenelektrodynamik, das zweite die turbulente Strömung von Fluiden. Was das erste angeht, bin ich ziemlich optimistisch.“*

Vorhersage turbulenter Eigenschaften großen Unsicherheiten unterliegt. Dies hat maßgeblich mit dem starken Einfluss von Strömungsinhomogenitäten und Richtungsabhängigkeiten in Wandnähe zu tun, welche durch die geläufigen Turbulenzmodelle nur ungenügend berücksichtigt werden. Die vorliegende Arbeit hat sich daher zum Ziel gesetzt, Beiträge zum Verständnis wandgebundener turbulenter Strömungen zu leisten. Diese sollen dann die Grundlage für eine verbesserte Turbulenzmodellierung bilden.

Während in freien - also nicht wandbegrenzten - Strömungen der Einfluss der Viskosität auf die technisch wichtigen Größen (wie z.B. Kräfte, mittlere Geschwindigkeit, turbulente Schwankungsenergie) bei sehr großen Reynoldszahlen vernachlässigbar ist, gibt es in unmittelbarer Wandnähe immer einen Bereich, in welchem die Wirkung der Zähigkeit des Mediums gegenüber den Trägheitskräften dominiert, d.h. es gibt immer eine dünne Schicht an der Wand, in welcher die lokale Reynoldszahl

$$Re_\lambda = \frac{\lambda\sqrt{2k}}{\nu} \tag{1.2}$$

klein ist. Hierbei ist λ das Taylor'sche Mikrolängenmaß und k die turbulente kinetische Energie [4]. Eine wichtige Frage ist in diesem Zusammenhang, wie die Turbulenz in Wandnähe durch die aufgeprägten Randbedingungen beeinflusst wird.

1.2 Stand der Forschung über wandnahe Turbulenz

There is a great variety in the possibilities of wall turbulence, depending on the nature and configuration of the boundary.

J.O. Hinze (1975)

Turbulente Strömungen in Wandnähe wurden in der Vergangenheit von einer Vielzahl von Forschern experimentell untersucht. Beispielhaft seien hier die folgenden Arbeiten aufgeführt: Nikuradse (1932), Reichardt (1938), Laufer (1951,1954), Comte-Bellot (1965), Hinze (1962), Bakewell & Lumley (1967), Popovich & Hummel (1967), Clark (1968), Zarić (1972), Eckelmann (1974), Hussain & Reynolds (1975), Perry & Abell (1975), Kreplin & Eckelmann (1979), El Telbany & Reynolds (1980,1981), Johansson & Alfredsson (1982), Wei & Willmarth (1989), Niederschulte, Adrian & Hanratty (1990), Antonia *et al.* (1992), Durst, Jovanović & Sender (1995), Fontaine & Deutsch (1995). Diese Arbeiten lieferten Informationen über die mittlere Strömung, über turbulente Intensitäten und Momente höherer Ordnung und führten zu Skalierungsgesetzen für turbulente Strömungen. Obwohl somit in den letzten 50 Jahren eine beeindruckende Menge an experimentellen Daten gesammelt werden konnte, kommt der wissenschaftliche Fortschritt in diesem Forschungsgebiet nur langsam voran. Zum einen ist das darauf zurückzuführen, dass geeignete Daten fehlen, die für eine Analyse der vollständigen dynamischen Gleichungen der Turbulenzkorrelationen verwendet werden könnten. Die experimentelle Bestimmung vieler wichtiger Größen, wie der Geschwindigkeits-Druckgradienten oder der Dissipationskorrelationen, ist

[4] Genaugenommen handelt es sich um die turbulente kinetische Energie pro Masseneinheit.

sehr schwierig oder sogar unmöglich. Zum anderen erfahren die Möglichkeiten der experimentellen Untersuchungen im unmittelbaren Wandbereich Einschränkungen, da dort große Geschwindigkeitsgradienten vorliegen und somit Fragen, die die Genauigkeit der Daten und die räumliche Auflösung betreffen, sehr ernst werden. So decken Übersichtsartikel von Bradshaw (1987) und Alfredsson *et al.* (1988) beträchtliche Unstimmigkeiten zwischen den Hitzdraht- und Heißfilmmessungen verschiedener Autoren auf. Die Anwendung von invasiven Messtechniken für Turbulenzuntersuchungen in Wandnähe ist problematisch wegen des signifikanten Einflusses der Wand auf Hitzdrahtmessungen, der nur schwerlich vollständig eliminiert werden kann. Auch die experimentellen Untersuchungen mit der Laser-Doppler-Anemometrie ergeben kein schlüssiges Bild in der Nähe der Wand. Während es in der Fachliteratur weitgehende Übereinstimmung über das Skalierungsverhalten der Verteilungen der mittleren Geschwindigkeit gibt, verbleibt die wichtige Variation der turbulenten Schwankungsgrößen in dimensionsloser Auftragung bis heute ungeklärt. Purtell et al. (1981) kommen in ihrer Arbeit zu dem Ergebnis, dass die Reynoldszahl die turbulenten Schwankungen bis weit tiefer in die Grenzschicht hinein beeinflusst als die mittlere Geschwindigkeit. Es wird dort jedoch für den Wandbereich unterhalb von $y^+ \approx 15$ universelles Verhalten bei innerer Skalierung angenommen. Wei und Willmarth (1989) geben in ihrer Arbeit einen ausführlichen Überblick über die bis zu diesem Zeitpunkt existierenden Untersuchungen turbulenter Kanalströmung. Sie betonen in ihren Schlussfolgerungen, dass in den meisten Studien nicht geklärt werden konnte, inwieweit die experimentell bestimmten Abweichungen der turbulenten Schwankungen von experimentellen Ungenauigkeiten herrühren. Auch Antonia et al. (1992) führen die Schwierigkeiten in der Beantwortung dieser Frage in ihren Untersuchungen auf die übermäßigen Fehler der experimentellen Daten in diesem Bereich zurück. In neueren Arbeiten (Durst et al., 1995; Durst et al., 1998) konnte gezeigt werden, dass die Unterschiede zwischen den experimentellen Studien in der Vergangenheit meist auf die räumliche Mittelung über das LDA-Messvolumen zurückzuführen waren (siehe auch Abschnitt 3.1).

Mit der Weiterentwicklung von Computertechnik und Berechnungsverfahren wurde es in den letzten Jahrzehnten zunehmend möglich, turbulente Strömungen mit numerischen Methoden zu untersuchen. In diesem Zusammenhang sollen hier die frühe Arbeit von Schumann (1973) und die Beiträge von Kim, Moin & Moser (1987), Spalart (1988), Kuroda, Kasagi & Hirata (1989,1993), Gilbert & Kleiser (1991), Lyons, Hanratty & McLaughlin (1991), Antonia *et al.* (1992), Horiuhi (1992), Eggels *et al.* (1994), Bradshaw & Huang (1995) und Kasagi & Shikazono (1995) erwähnt werden. Die Verwendung der Ergebnisse aus Direkter Numerischer Simulation (DNS) erlaubt einen beträchtlichen Einblick in die Dynamik der Turbulenz. Sie enthalten die vollständigen Bilanzen von wichtigen Größen, die in den dynamischen Gleichungen für die turbulenten Spannungen enthalten sind. Reynolds (1984) umriss die Strategie, wie die DNS-Datensätze für eine Überprüfung der grundlegenden Konzepte, die in der Turbulenzforschung zur Anwendung kommen, genutzt werden können. Vollständige dreidimensionale Simulationen wurden für eine Vielzahl von einfachen turbulenten Strömungen durchgeführt. Anzuführen sind in diesem Kontext der Zerfall isotroper, homogener Turbulenz und andere homogene und wandgebundene Strömungen. Im unmittelbaren Wandbereich allerdings ist auch die Aussagekraft der numerischen Untersuchungen begrenzt, da in Gebieten großer Geschwindigkeitsgradienten zweifelhaft ist, ob die aus den numerischen Daten abgeleiteten Gesetzmäßigkeiten von der Gittergröße und von den Abmessungen des Berechnungsgebietes vollständig unabhängig sind (siehe auch Abschnitt 4.4). Außerdem muss man im Auge behalten, dass das Grenzverhalten der turbulenten Intensitäten nahe der Wand durch die Gleichung für die Dissipationsrate kontrolliert wird. Rodi & Mansour (1993) haben jedoch hervorgehoben, dass die numerischen Datensätze diese Gleichung nahe der Wand nicht richtig bilanzieren können, selbst wenn Spektralmethoden für die Strömungssimulation zum Einsatz kommen.

Aufgrund der dargestellten experimentellen und numerischen Schwierigkeiten konnte bisher kein Konsens über das Grenzverhalten der Turbulenzstatistiken nahe der Wand erzielt werden.

1.3 Ziele und Vorgehensweise

A theory is something nobody believes, except the person who made it.
An experiment is something everybody believes, except the person who made it.
Albert Einstein (1879 - 1955) zugeschrieben

Für eine Annäherung an das Turbulenzproblem erscheinen zwei komplementäre Vorgehensweisen plausibel. Zum einen kann man über das Verständnis der Ursachen für das Einsetzen von Turbulenz etwas über den turbulenten Zustand lernen. Zum anderen kann man sich dem Thema mit Fragen nähern, die sich mit der entwickelten Turbulenz befassen, d.h. mit Turbulenz bei hohen Reynoldszahlen. Eine Verbindung zwischen beiden Wegen ist für den Bereich kleiner Reynoldszahlen zu erwarten, weil dort das Strömungsgebiet, in dem die lokalen Reynoldszahlen klein sind, relativ groß ist und die Turbulenz in diesem Gebiet noch „Erinnerung“ über ihren Entstehungsprozess beinhalten sollte. Es ist ein naheliegender Gedanke, dass die Untersuchung des laminar-turbulenten Strömungsumschlages Einblicke in die Turbulenz bei kleinen Reynoldszahlen gewährt. Transition stellt damit einen Grenzfall von Turbulenz dar, der im Rahmen dieser Arbeit einer genauen Betrachtung unterzogen wird.

Die vorliegende Arbeit hat sich zum Ziel gesetzt, Antworten auf die folgenden offenen Fragen zu finden:

- Wie ist es möglich, genaue lokale Strömungsinformation mit der Laser-Doppler-Anemometrie an der Wand zu erhalten? Kann ein Verfahren herausgearbeitet werden, das reproduzierbar die realen Fluktuationen von den Einflüssen der räumlichen Ausdehnung des LDA-Messvolumens entkoppelt?

- Welche Vorkehrungen müssen getroffen werden, um bei experimentellen Untersuchungen wandnaher Turbulenz eindeutige Strömungsbedingungen herzustellen? Wie kann man Effekte der Strömungsentwicklung von einem Einfluss der Reynoldszahl unterscheiden? Ist wandnahe Turbulenz vollständig durch ihre Eigenschaften an der Wand bestimmt, zeigt sie damit universelles Verhalten? Wie kann man Abweichungen von diesem universellen Verhalten beschreiben? Haben sie einen Einfluss auf die Turbulenzmodellierung?

- Kann man aus dem Studium des laminar-turbulenten Strömungsumschlages Rückschlüsse auf entwickelte Turbulenz gewinnen? Welche physikalischen Prozesse spielen sich bei kleinen turbulenten und laminaren Reynoldszahlen ab? Welche Rolle spielt die Dimensionalität und die Komponentalität der Schwankungen? Ist es möglich, die theoretische Behandlung von Transition und Turbulenz zusammenzuführen, um somit zu einer vereinheitlichten Modellbildung zu kommen?

Zur Beantwortung dieser Fragen wird eine Vorgehensweise gewählt, die experimentelle und theoretische Werkzeuge miteinander kombiniert. Die Untersuchungen werden anhand von Strömungen in der Nähe von Wänden diskutiert, die undurchlässig, fest, stationär und eben sind. Hierbei können zwei Strömungskonfigurationen unterschieden werden:

- Handelt es sich um eine Außenströmung, so spricht man von einer Grenzschichtströmung, da sich alle Abweichungen von der Außengeschwindigkeit auf eine dünne Schicht beschränken, deren Dicke mit zunehmender Lauflänge anwächst.
- Im Falle einer Durchströmung liegt eine zweidimensionale Kanalströmung (auch Poiseuille-Strömung genannt) vor, bei der sich die Grenzschichtdicke im vollentwickelten Zustand wegen der konstanten Kanalhöhe nicht verändert und bei der ein Druckgradient zur Kompensation der Reibungsverluste an der Wand notwendig ist.

Im weiteren Verlauf dieser Arbeit werden zunächst (Kapitel 2) die Grundlagen zusammengetragen, die für eine weitergehende Argumentation notwendig sind.
Da sich experimentelle Untersuchungen in Wandnähe in der Vergangenheit als sehr schwierig herausgestellt haben, muss eine Methode herausgearbeitet werden (Kapitel 3), mit welcher eine objektive statistische Interpretation von LDA-Signalen ermöglicht wird. Diese Technik soll dann die Aufnahme genauer experimenteller Daten bis tief in die viskose Unterschicht hinein erlauben. Allerdings wird es nötig sein, den Einfluss der endlichen Messvolumengröße zu berücksichtigen.
Einen beträchtlichen Teil dieser Arbeit wird die Untersuchung des Einflusses der äußeren Randbedingung auf den wandnahen Bereich vollentwickelter Strömungen einnehmen (Kapitel 4). Aus dem eingehenden Studium des laminar-turbulenten Strömungsumschlages werden die verschiendenen Strömungszustände klassifiziert und die Bedingungen für eine Vollentwicklung der Strömung ermittelt. Hierdurch wird es erstmals möglich, einen experimentellen Datensatz zweidimensionaler Kanalströmung vorzustellen, der den gesamten wandnahen Bereich für kleine bis mäßig große Reynoldszahlen (3000 bis 25000) überdeckt. Im Gegensatz zu früheren Studien, über die in der Literatur berichtet wurde, wird in dieser Arbeit auch der Einfluss der Reynoldszahl auf die Terme behandelt, die zu den Bilanzen der turbulenten Spannungen beitragen. Die Verwendung von numerischen Datensätzen ermöglicht das Studium der Veränderungen dieser Terme und ihrer wechselseitigen Beziehungen. Aus den Messungen bei kleineren und mäßigen Reynoldszahlen sollen Rückschlüsse auf den Fall großer und damit technisch relevanter Reynoldszahlen gezogen werden.
Die Aussagen über wandgebundene turbulente Strömungen werden durch die Untersuchung einer zweidimensionalen Grenzschichtströmung ergänzt (Kapitel 5). Der durch

Oberflächenrauigkeiten induzierte Grenzschichtumschlag wird im Rahmen der Invariantentheorie behandelt. Damit wird ein Grundstein für die Übertragung der statistischen Betrachtungsweise, wie sie für turbulente Strömungen zu Erfolgen geführt hat, auf transitionale Strömungsphänomene gelegt.

Die Strategie dieser Arbeit ist somit die Ausarbeitung der theoretischen Grundlagen wandnaher Turbulenz und deren Verbindung mit der Analyse von numerischen und experimentellen Daten.

Kapitel 2

Grundlagen wandgebundener Strömungen

Someone told me that each equation I included in the book
[A Brief History of Time] would halve its sales.
Zitiert in D. MacHale, Comic Sections (Dublin 1993)
Stephen Williams Hawking (1942-)

Leonhard Euler formulierte bereits 1755 - ausgehend von der Massenerhaltung und dem zweiten Newtonschen Gesetz - die Grundgleichungen für reibungsfreie Fluide. Diese wurden dann von Louis Navier (1822) und Sir George Gabriel Stokes (1845) auf viskose Fälle erweitert. Die Navier-Stokes-Gleichungen für inkompressible Strömungen lauten:

$$\frac{\partial U_j}{\partial t} + U_i \frac{\partial U_j}{\partial x_i} = -\frac{1}{\rho} \frac{\partial P}{\partial x_j} + \nu \frac{\partial^2 U_j}{\partial x_i \partial x_i} + F_j \tag{2.1}$$

Diese Gleichungen drücken das Kräftegleichgewicht zwischen Beschleunigung eines Fluidelementes und der Summe aus Druckkräften, viskosen und äußeren Kräften aus. Die äußeren Kräfte (meist Schwerkraft) sollen von nun an eine vernachlässigbare Rolle spielen. Die Navier-Stokes-Gleichungen bilden gemeinsam mit der Kontinuitätsgleichung für Fluide konstanter Dichte

$$\frac{\partial U_i}{\partial x_i} = 0 \tag{2.2}$$

ein geschlossenes System von Differentialgleichungen für die Unbekannten U_i und P.

2.1 Strömungsinstabilitäten

Am Anfang jedes Auftretens von Turbulenz stehen Vorgänge, die die reguläre Fluidbewegung in eine irreguläre überführen. Das Verständnis dieser Prozesse kann daher von Nutzen für die Interpretation der Eigenschaften turbulenter Strömungen sein.

2.1.1 Stabilitätstheorie

Für vorgegebene Randbedingungen wird eine Strömung der stationären und somit laminaren Lösung der Navier-Stokes-Gleichungen nur dann auf Dauer gehorchen, wenn diese Lösung stabil gegenüber kleinen Störungen ist. Ist dies nicht gegeben, werden kleine anfängliche Unregelmäßigkeiten in der Strömung oder in den Randbedingungen zu einem instationären Strömungsverhalten führen.

Das Konzept der hydrodynamischen Stabilitätsanalyse ist es, der stationären Lösung ($\overline{U}_{j,0}$, $\overline{P}_0$) eine kleine Störung (u_j, p) zu überlagern und zu untersuchen, ob es in Abhängigkeit von einem Kontrollparameter, der durch die Reynoldszahl Re definiert ist, zu einer Anfachung oder zu einer Dämpfung der Schwankungsgröße kommt. Hierzu werden die gestörten Größen ($\overline{U}_{j,0} + u_j$, $\overline{P}_0 + p$) in die Navier-Stokes-Gleichungen eingesetzt. Unter der Berücksichtigung, dass die ungestörten Größen eine Lösung der Navier-Stokes-Gleichungen darstellen, erhält man aus Gleichung (2.1):

$$\frac{\partial u_j}{\partial t} + \overline{U}_{i,0}\frac{\partial u_j}{\partial x_i} + u_i\frac{\partial \overline{U}_{j,0}}{\partial x_i} + u_i\frac{\partial u_j}{\partial x_i} = -\frac{1}{\rho}\frac{\partial(\overline{P}_0 + p)}{\partial x_j} + \nu\frac{\partial^2 u_j}{\partial x_i \partial x_i} \tag{2.3}$$

Der vierte Term auf der linken Seite von Gleichung (2.3) zeigt eine Nichtlinearität in der Störgröße u_j. Die Vernachlässigung dieses Gliedes höherer Ordnung in u_j führt zu dem *linearisierten* Problem:

$$\frac{\partial u_j}{\partial t} + \overline{U}_{i,0}\frac{\partial u_j}{\partial x_i} + u_i\frac{\partial \overline{U}_{j,0}}{\partial x_i} = -\frac{1}{\rho}\frac{\partial(\overline{P}_0 + p)}{\partial x_j} + \nu\frac{\partial^2 u_j}{\partial x_i \partial x_i} \tag{2.4}$$

Diese Vereinfachung kann nur diejenigen ersten Stadien der Anfachung von Störungen richtig wiedergeben, in denen die Störgrößen noch wesentlich kleiner als die mittlere Geschwindigkeit sind. Da der Strömungsumschlag von laminarer zu turbulenter Strömung in der Regel sehr schnell vor sich geht, ist die linearisierte Betrachtungsweise z.B. für die Vorhersage des Umschlagsortes ausreichend. Die Aufgabe der *linearen* Stabilitätsbetrachtung besteht also in der Lösung der linearen Differentialgleichung (2.4) unter Berücksichtigung der Randbedingungen des interessierenden Strömungsproblems. Für das Finden der Lösung der Störgröße u_j wird im Allgemeinen ein Produktansatz

$$u_j = \sum_{\omega} f_{j,\omega}(x_i)e^{\omega t} \tag{2.5}$$

gewählt, mit Hilfe dessen die Variablen ω und t separiert werden können. Die Frequenzen ω setzen sich hierbei aus einem Realteil und aus einem Imaginärteil zusammen: $\omega = \sigma - i\tau$.

Für die Grenzschichtströmung ohne Druckgradient und die ebene Kanalströmung konnte in der Vergangenheit eine Stabilitätsanalyse erfolgreich durchgeführt werden. Die Anwendung numerischer Berechnungsverfahren lieferte in Abhängigkeit von der Störfrequenz kritische Reynoldszahlen, ab welchen erstmals kleine Oszillationen in der Strömung zu einer Instabilität führen. Die Grenzschichtströmung ohne Druckgradient wurde erstmals von Tollmien (1929) theoretisch behandelt. Genauere Ergebnisse lieferten die numerischen Berechnungen von Jordinson (1970). Die mit der Anströmgeschwindigkeit U_∞ und der Grenzschichtdicke δ_1 gebildete maximale Reynoldszahl, bei welcher kleine Störungen für alle Frequenzen noch nicht angefacht werden, ergab sich hieraus zu $Re_{1,ind} = 520$. In Abbildung 2.1 sind die Indifferenzkurven der Störfrequenz β_r und der Wellenfortpflanzungsgeschwindigkeit c_r als Funktion der Reynoldszahl Re_1 aufgetragen. Indifferenzkurven setzen sich aus den Werten zusammen, bei welchen die Intensität kleiner Schwankungen zeitlich konstant bleiben, diese also weder verstärkt noch gedämpft werden.

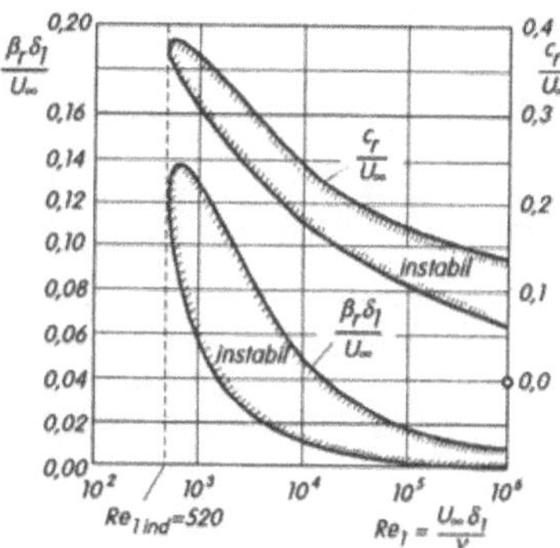

Abbildung 2.1: Numerisch berechnete Indifferenzkurven für die Störungsfrequenzen β_r und die Wellenfortpflanzungsgeschwindigkeit c_r.

Die Anwendung der linearen Stabilitätstheorie auf die ebene Kanalströmung wurde erstmals von Lin (1945) durchgeführt. Der kleinste Wert von $Re_c = U_c 2h/\nu$, bei welchem eine ungedämpfte Störung auftritt, konnte zu 11544 bestimmt werden (nach verbesserten Berechnungen von Orszag, 1971).

Wachsen die Oszillationen durch lineare Verstärkung (dies entspricht einem exponentiellen Wachstum der Störgröße) über ein gewisses Maß hinaus an (häufig wird hierfür ein Kriterium von etwa 1% der mittleren Geschwindigkeit angegeben), machen sich Effekte bemerkbar, welche bei Vernachlässigung des nichtlinearen Termes in Gleichung (2.3) nicht mehr richtig beschrieben werden können. Im Folgenden soll die nichtlineare Störungsanalyse insoweit diskutiert werden, als sie Relevanz besitzt für den weiteren Anstieg der Störamplitude und für die Frage nach der Möglichkeit von Transition ohne lineare Instabilität. Bei nichtlinearer Verstärkung kann es nämlich durch die Energieübertragung vom mittleren Strömungsfeld an das Schwankungsfeld zu einer Änderung der Grundströmung kommen. Außerdem kann auch die Frequenz der Störbewegung durch die Nichtlinearität beeinflusst werden.

Solange die vorliegende Reynoldszahl kleiner ist als die aus linearer Stabilitätstheorie berechnete Reynoldszahl ($Re < Re_{crit}$), sind Störungen aller Frequenzen stabil ($\sigma < 0$). Landau (1944) behandelte den vereinfachten Fall einer Reynoldszahl, die unmittelbar oberhalb Re_{crit} liegt und die somit nur gegenüber *einer* Schwankungsfrequenz ω instabil ist. Die Schwankungsgeschwindigkeit an einem bestimmten Ort ist dann gegeben durch

$u_j = u_{j,0}e^{\omega t}$ und die zeitliche Entwicklung des Realteils der Störintensität ergibt sich zu:

$$\frac{d\overline{|u_j|^2}}{dt} = 2\sigma\overline{|u_j|^2}. \tag{2.6}$$

Der Mittelungsstrich entspricht hierbei der zeitlichen Integration über eine Schwingungsperiode. Das durch Gleichung (2.6) beschriebene Verhalten entspräche einem unbegrenzten Anwachsen der Störung in der Zeit. Um die Vorhersage eines solchen, unrealistischen Verhaltens zu vermeiden, muss man zusätzlich die Wechselwirkung der Störung mit der Grundströmung berücksichtigen. Es ergibt sich dann anstelle von Gleichung (2.6) der folgende Zusammenhang (Landau & Lifschitz, 1991):

$$\frac{d\overline{|u_j|^2}}{dt} = 2\sigma\overline{|u_j|^2} - \alpha\overline{|u_j|^4}, \tag{2.7}$$

wobei α als die *Landau'sche Konstante* bezeichnet wird. Anhand von Gleichung 2.7 kann man nun verschiedene Fälle einer Störungsentwicklung unterscheiden:

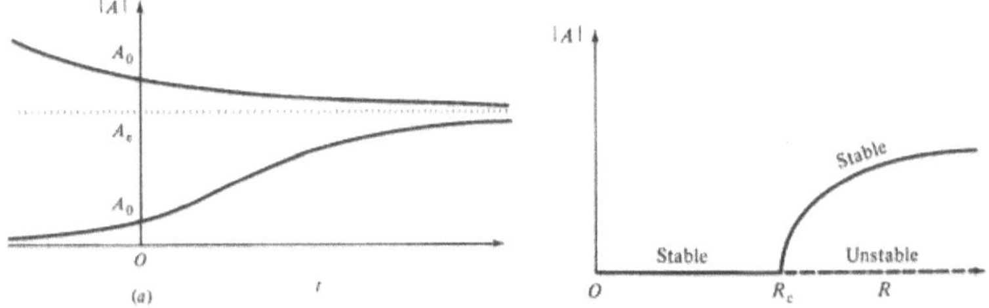

Abbildung 2.2: Zeitlicher Verlauf der Störungsamplitude $|A| = \overline{|u_j|^2}$ bei überkritischer Stabilität (links) und Bifurkationsdiagramm (rechts) für $\alpha > 0$.

- $\alpha > 0$
  Ist der Landau-Parameter positiv, haben beide Terme auf der rechten Seite von Gleichung (2.7) für $Re > Re_{crit}$ das gleiche Vorzeichen. Es ergibt sich deshalb zunächst keine qualitative Änderung der Störungsentwicklung zu Gleichung (2.6). Die Strömung wird immer erst oberhalb von Re_{crit} instabil. Allerdings macht sich mit dem Anwachsen der Störung die Nichtlinearität zunehmend deutlicher bemerkbar. Hierdurch strebt die Störungsamplitude unabhängig vom Startwert mit der Zeit gegen eine obere Grenze. Dieses Verhalten ist in Abbildung 2.2 (links) veranschaulicht. Ist die Anfangsstörung hingegen größer als der Grenzwert, nähert sich die Schwankung diesem von oben an. Da somit auch oberhalb von Re_{crit} Störungen gedämpft werden können, spricht man von überkritischer Stabilität. Die in Abbildung 2.2 (rechts) gezeigte Verzweigung der Stabilitätskurve bei Re_{crit} wird als Bifurkation bezeichnet. Dieser Fall $\alpha > 0$ wurde von Landau mit Strömungen im Nachlauf von Körpern in Verbindung gebracht. Als Beispiel soll hier das Auftreten der Kármán'schen Wirbelstraße bei der Zylinderumströmung angeführt werden.

- $\alpha < 0$
  Ein anderes Szenarium ergibt sich, wenn der Landau-Parameter α negativ ist. Oberhalb von Re_{crit} ist die Strömung unabhängig von den Anfangsbedingungen immer instabil. Unterhalb von Re_{crit} hängt es jedoch von der Störamplitude ab, ob diese mit der Zeit anwächst oder abfällt. Dies bedeutet, dass es bei großen Anfangsstörungen zum Auftreten eines Zustandes kommt, in dem die Strömung zwar linear stabil ist (also stabil gegenüber kleinen Störungen), und in dem es dennoch zu Turbulenz kommen kann (siehe Abbildung 2.3). Die Ursache ist, dass für große Störungen die durch den zweiten Term auf der rechten Seite von Gleichung (2.7) „produzierte" Energie die durch den ersten Term „dissipierte" Energie übersteigt. Wegen der Abhängigkeit der Störungsverstärkung von einer Anregungsschwelle wird dieser Zustand als „metastabil" bezeichnet. Er existiert bis herunter zu einer weiteren kritischen Reynoldszahl (R_G in Abbildung 2.3), die unter Umständen deutlich kleiner als Re_{crit} sein kann. Unterhalb von R_G jedoch werden alle Störungen gedämpft. Es liegt die Vermutung - gestützt durch experimentelle Untersuchungen (siehe auch Abschnitt 2.1.2) - nahe, dass der Fall $\alpha < 0$ die Klasse der wandgebundenen Strömungen beinhaltet.

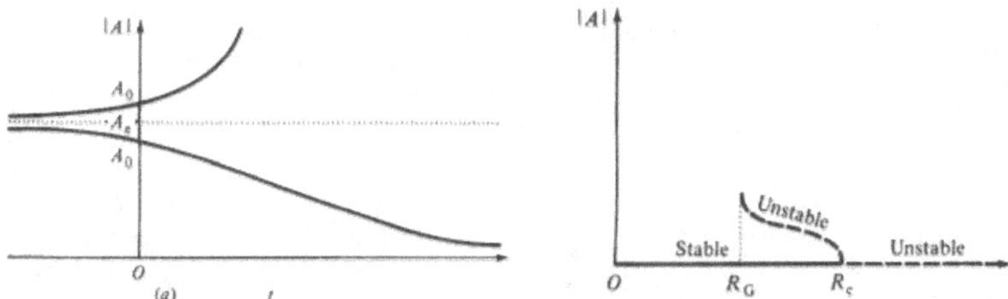

Abbildung 2.3: Zeitlicher Verlauf der Störungsamplitude bei überkritischer Stabilität (links) und Bifurkationsdiagramm (rechts) für $\alpha > 0$.

2.1.2 Transition unter Wandeinfluss

Durch den Einfluss von festen Bewandungen wird eine Folge von Strömungsstabilitäten ausgelöst.

Zunächst soll eine Bemerkung über die ambivalente Rolle der Wand auf die Erzeugung von Instabilität gemacht werden. Die Vernachlässigung des letzten Termes in Gleichung (2.3) führt auf die Rayleigh-Gleichung für reibungsfreie Fluide. Es stellt sich heraus, dass für diesen Fall die Existenz eines Wendepunktes im laminaren Geschwindigkeitsprofil eine Voraussetzung für das Auftreten von Instabilität ist (Rayleigh, 1880). Da jedoch sowohl für Grenzschicht- als auch für Kanalströmungen die Lösungen der laminaren Strömung keinen Wendepunkt aufweisen und dennoch bei Uberschreiten einer kritischen Reynoldszahl instabil werden, ermöglicht die Viskosität die Existenz einer instabilen Lösung. Das bedeutet, dass durch die Wechselwirkung der Zähigkeit eines Fluids mit einer festen Bewandung neben einer die Turbulenz vernichtenden Wirkung auch ein Turbulenz erzeugender Effekt auftritt.

Die Voraussetzung für einen laminar-turbulenten Strömungsumschlag ist die Fähigkeit einer Strömung, Störungen der Randbedingungen in Störungen der Wandströmung umzuwandeln (Morkovin, 1968). Diese Eigenschaft, die von der Oberflächengeometrie und von den Druckbedingungen abhängt, wird als Rezeptivität (von engl. *receptivity*) bezeichnet. Ohne die Ankopplung dieser Eigenmoden der Grenzschicht an die Fluktuationen der Anregung kann es nicht zu linearer Instabilität kommen. Äußere Schwankungen können z.B. Schallwellen, ein Wirbelfeld in der Außenströmung, Temperaturschwankungen oder auch Vibrationen der Wand sein. Bei der Instabilität von Grenzschichtströmungen nimmt die starke Erhöhung der Rezeptivität in der Umgebung von Oberflächenrauigkeiten und im Bereich der Plattennase eine zentrale Rolle ein.

Die physikalischen Mechanismen der Transition hängen neben der Strömungskonfiguration auch wesentlich vom Charakter der eingebrachten Störungen ab. Eine erste Klasse von Transitionsszenarien wird bei kleinen äußeren Störungen beobachtet. Wie im vorigen Abschnitt erläutert, lassen sich wandgebundene Strömungen mit einem negativen Landau-Koeffizienten identifizieren. Die ebene Grenzschichtströmung weist für kleine mit der Grenzschichtdicke gebildete Reynoldszahlen Re_δ, also für kleine Lauflängen vom Plattenursprung, noch ein stabiles Verhalten gegenüber kleinen Störungen auf. Bei Überschreiten einer kritischen Reynoldszahl jedoch wird die Schwankungsgröße der zweidimensionalen Tollmien-Schlichting-Wellen verstärkt[1]. Dieser Vorgang wird als Primärinstabilität bezeichnet. Viele in der Literatur beschriebene Grundlagenexperimente befassen sich mit der gezielten Anregung solcher zweidimensionalen Störungen. Die erste systematische Studie dieser Art wurde von Schubauer und Skramstad (1947) durchgeführt. Bei der Interpretation dieser Art von Experiment ist zu beachten, dass in realen Fällen meist Störungen der Außenströmung auf vielen verschiedenen Frequenzen vorliegen. Es ist somit durchaus möglich, dass die genannten Grundlagenexperimente nicht alle physikalisch wichtigen Vorgänge, wie die Wechselwirkung zwischen Störungen verschiedener Wellenlängen, erfassen. Mit zunehmender Lauflänge und einem Anwachsen der Schwankungsgrößen gewinnt der nichtlineare Term in Gleichung 2.3 an Bedeutung, und es wird auch die aus Blasius-Profil und Tollmien-Schlichting-Wellen kombinbierte Strömung instabil, sodass dreidimensionale Störungen auftreten (Sekundärinstabilität). Es formieren sich zunächst sogenannte Λ-Wirbel, die wiederum instabil werden und die Bildung von turbulenten Gebieten bewirken. Die Ausdehnung dieser Turbulenzflecken nimmt stromab weiter zu, bis schließlich eine vollausgeprägte turbulente Grenzschicht vorliegt. Die verschiedenen Stadien der laminar-turbulenten Transition sind in Abbildung 2.4 nochmals anschaulich zusammengefasst.

Bei der zweiten Klasse von Transitionsszenarien kommt es zu einem „direkten“ , nichtlinearen Zusammenbruch der laminaren Strömung, der als „Bypass-Transition“ bezeichnet wird. So ist für Grenzschicht- und Kanalströmungen bekannt, dass der laminar-turbulente

[1]Squire (1933) konnte zeigen, dass in einer ebenen Grenzschichtströmung zweikomponentige Störungen zuerst instabil werden, dass es also genügt, eine Stabilitätsrechung für zwei Komponenten durchzuführen.

1 stabile laminare Strömung
2 instabile Tollmien-Schlichting-Wellen
3 dreidimensionale Wellen und Wirbelbildung (Λ-Strukturen)
4 Wirbelzerfall
5 Bildung von Turbulenzflecken
6 vollturbulente Strömung

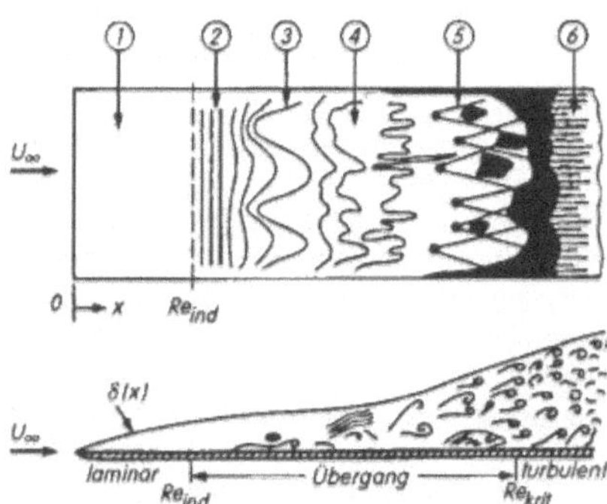

Abbildung 2.4: Laminar-turbulenter Unschlag in der zweidimensionalen Grenzschicht (Darstellung nach F. M. White, 1974).

Übergang bereits bei Reynoldszahlen eintreten kann, welche kleiner als der aus linearer Stabilitätstheorie errechnete Wert sind, wenn im Bereich der Plattennase bzw. des Kanaleinlasses die Strömung stark gestört wird (vergleiche Abschnitt 2.1.1). Dies wird häufig durch starke Fluktuationen der Außenströmung oder durch Oberflächenrauigkeiten ausgelöst. Für Rohrströmungen hingegen ist bis heute noch nicht geklärt, ob der laminar-turbulente Übergang überhaupt über lineare Instabilitätsmechanismen erreicht wird. So konnten bei Rohrströmungen durch den weitgehenden Ausschluss von Störungen am Einlass laminare Strömungen bis zu Reynoldszahlen von etwa 60000 realisiert werden.

Für zusammenfassende Darstellungen der Instabilitätsmechanismen von Grenzschichtströmungen sei auch auf die Artikel von Herbert (1988), Kachanov (1994), Kozlov (1985), Rist (1990) und Schlichting (1982) verwiesen.

2.1.3 Wege in die Turbulenz - Nichtklassische Betrachtungsweise

Chaos often breeds life,
when order breeds habit.
Henry Brooks Adams (1838-1918)

Einige wichtige Merkmale des Übergangs von Strömungen in den turbulenten Zustand können durch die Anwendung von Werkzeugen aus der Theorie nichtlinearer dynamischer Systeme beschrieben werden.

In den letzten Jahren wird verstärkt versucht, über die Theorie dynamischer Systeme[2] zu Aussagen über die Entstehung turbulenter Bewegung zu gelangen. Notwendig für eine

[2]Die Theorie dynamischer Systeme findet Anwendung auch in anderen technisch relevanten Gebieten

solche Vorgehensweise ist die Transformation der Navier-Stokes-Gleichungen in einen Satz gewöhnlicher Differentialgleichungen.

Man kann dynamische Systeme, somit also auch Strömungszustände, durch die Eintragung in einen Zustandsraum charakterisieren. Dieser definiert sich über die Orte und Impulse der Fluidelemente. Jede momentane Geschwindigkeitsverteilung eines Fluids entspricht somit einem Punkt in diesem Zustandsraum. Der zeitlichen Entwicklung des Strömungssytems entspricht die Bewegung im Zustandsraum. Eine periodische Strömung entspricht der Bewegung auf einer geschlossenen Kurve. Sind Strömungen stabil gegenüber Störungen, bewegen sie sich - unabhängig vom Anfangszustand - auf einen Grenzpunkt oder Grenzzyklus im Zustandsraum zu. Dieser wird daher als „Attraktor" bezeichnet. Wird nun der Kontrollparameter, also bei Strömungen die Reynoldszahl, bis zu dem Wert erhöht, ab welchem eine Störung einer bestimmten Frequenz anwächst, kommt es zu einer „Bifurkation", d.h. zum Auftreten einer überlagerten Strömung mit einer von der Grundströmung unabhängigen Frequenz. Die Dimension des Grenzzyklus Strömung erhöht sich hierdurch um eins. War die Grundströmung ein Punkt (Torus nullter Ordnung), ist sie nun ein Kreis (Torus erster Ordnung), war sie ein Kreis, wird sie zum Torus zweiter Ordnung.

Landau (1944) und Hopf (1948) beschrieben den Übergang zur Turbulenz durch das folgende Szenarium: Bei einer weiteren Erhöhung der Reynoldszahl treten sukzessive weitere Bifurkationen auf, wodurch der Grenzzyklus immer höhere Dimensionen annimmt. Die Strömung wird somit immer komplexer, bis sie schließlich dem Zustand entspricht, der als turbulent bezeichnet wird. Dieses Turbulenzmodell geht von der Annahme aus, dass die neu hinzukommenden Störmoden nicht mit der Grundströmung wechselwirken, diese also nicht verändern. Es spiegelt also im Grunde genommen eine auf linearen Vorstellungen basierende Betrachtungsweise wieder, wonach Turbulenz einfach durch eine Überlagerung harmonischer Oszillatoren beschrieben wird. Diese als Landau-Modell bezeichnete Theorie des Übergangs zur Turbulenz sagt Eingenschaften der Strömung voraus, die allerdings mit der Beobachtung in Experimenten nicht in Übereinstimmung zu bringen sind. So fehlt ihm die für Turbulenz typische Eigenschaft einer großen Diffusivität: Die Autokorrelationsfunktion, welche die Ähnlichkeit von Geschwindigkeitssignalen zu verschiedenen Zeiten beschreibt, dürfte nach diesem Szenarium mit einem Anwachsen der Zeit niemals auf Null zurückgehen.

Erst die Weiterentwicklungen auf dem Gebiet der Chaosforschung konnten zu einer kritischen Hinterfragung der dem Landau-Modell zugrundeliegenden Annahmen führen. So konnten Ruelle und Takens (1971) zeigen, dass die verschiedenen Moden der Strömungsstörung entgegen der impliziten Annahme von Landau und Hopf miteinander wechselwirken und somit schneller zu einer Änderung der Grundströmung führen, als sich der Prozess der fortwährenden Periodenverdoppelung abspielt. Hieraus ergibt sich, dass das von Landau und Hopf angenommene Verhalten ab der zweiten oder dritten Bifurkation sehr unwahrscheinlich wird und dass stattdessen ein Übergang zu chaotischem Verhalten eintritt. Dieser Übergang geht mit einer qualitativen Veränderung des Attraktors Zustandsraum einher: Die Grenzkurve wird unvorhersagbar und daher als „strange attrac-

wie bei der Untersuchung von Mehrkörperproblemen in der Astronomie, für die Erklärung von Herzrythmusstörungen oder epileptischen Anfällen, aber auch für die Modellierung elektrischer Schwingkreise (siehe auch Argyris *et al.* 1995)

tor"bezeichnet. Die Bewegung der Fluidelemente wird sensibel auf kleinste Veränderungen des Ausgangszustandes. Der *„Ruelle-Takens-Weg“* konnte experimentell für abgeschlossene Systeme wie Strömungen im Zylinder- oder Kugelspalt bestätigt werden (z.B. Gollup und Swinney, 1975). Offene Systeme wie die hier interessierenden Kanal- und Grenzschichtströmungen sind jedoch weitaus komplizierter zu beschreiben. Wie in Abschnitt 2.1.2 bereits herausgestellt wurde, ist häufig nicht die Transition über lineare Instabilität der entscheidende Mechanismus, sondern es spielen von Anfang an nichtlineare Effekte eine Rolle.

Das Szenarium nach Ruelle-Takens konnte mittlerweile präzisiert werden, was im Wesentlichen zur Herausarbeitung von drei Möglichkeiten für den Weg in die Turbulenz führte (siehe auch Großmann, 1990):

- Fall 1: Die Kopplung der verschiedenen angeregten Schwingungsmoden kann zu einer Synchronisierung der Störfrequenzen führen (*phase locking*)[3]. Der Übergang ins Chaos erfolgt dann über eine Kaskade von Periodenverdoppelungen. Dieser Weg konnte im Falle der Rayleigh-Bénard-Konvektion nachgewiesen werden. (Libchaber und Maurer, 1982).
- Fall 2: Die Kopplung der Störfrequenz mit einer von außen aufgeprägten Frequenz führt zu einem quasiperiodischen Verhalten.
- Fall 3: Beim abrupten Einsetzen von Turbulenz wechseln sich laminare mit turbulenten Gebieten ab. In diesem Fall, der als Intermittenz bezeichnet wird, wird reguläres Verhalten von irregulären Abschnitten unterbrochen. Die Behandlung von Intermittenz im Rahmen der Theorie dynamischer Systeme steckt allerdings noch in den Anfängen.

Während die beiden ersten Varianten rein zeitlichen Charakter haben, ist das Intermittenzszenarium auch auf räumlich-zeitliche Störungsentwicklung anwendbar. Dies ist konsistent mit der Beobachtung, dass sich in Grenzschichtströmungen häufig laminare Bereiche mit plötzlich auftretenden turbulenten Gebieten abwechseln, ohne dass hierbei die oben beschriebenen Zwischenstadien der Instabilität eingenommen würden.

2.2 Entwickelte Turbulenz - Klassische Betrachtungsweise

Big[ger] whirls have little whirls,
That feed on their velocity;
And little whirls have lesser whirls,
And so on to viscosity.
„The supply of energy from and to Atmospheric Eddies 1920“
Lewis Fry Richardson (1882 - 1953)

[3]Ein Effekt, der auch Ursache für die Synchronisierung von Mondumlauf um die Erde und Mondrotation ist.

Turbulenz bei hohen Reynoldszahlen zeigt bis zu einem gewissen Grad allgemeingültiges Verhalten.

Der Begriff der Strömungsentwicklung bezieht sich auf die Änderung statistischer Größen mit dem Fortschreiten in der Zeit (bei numerischen Berechnungen mit zyklischen Randbedingungen) oder im Raum (Translation in Hauptströmungsrichtung bei Experimenten). Ein Strömungsfeld werde als „voll turbulent" bezeichnet, wenn der Strömungsumschlag abgeschlossen ist, also das gesamte Gebiet turbulent ist. Dies muss nicht bedeuten, dass die Strömungsentwicklung abgeschlossen wäre. Als „vollentwickelt turbulent" werden diejenigen Bereiche des Strömungsfeldes bezeichnet, innerhalb derer eine Symmetrie der statistischen Eigenschaften gegenüber Translation in Zeit oder Raum vorliegt. Genaugenommen würde dies bedeuten, dass lediglich Strömungen in Rohren oder Kanälen konstanten Querschnitts den vollentwickelten Zustand annehmen können. Mit Einschränkungen können aber auch Grenzschichtströmungen vollentwickelt sein, nämlich insofern, als sie an verschiedenen Stromabpositionen zueinander selbstähnlich sind.

Analog kann man die Frage nach der entwickelten Turbulenz jedoch auch auf die Skalenverteilung in einem Turbulenzfeld anwenden. Liegt ein Zustand dynamischen Gleichgewichtes zwischen der Turbulenzproduktion auf großen Skalen und Dissipation auf kleinen Skalen vor, so kommt es bei große Reynoldszahlen zu einer klaren Trennung dieser Skalen. Zwischen den Skalen vermittelt ein Transportprozess, der durch Wirbelfadenstreckung bzw. durch eine Zerfallskaskade von größeren Wirbel in immer kleinere Wirbel beschrieben werden kann (Richardson, 1922).

Gemäß der Turbulenztheorie von Kolmogorov (1941) ist zu erwarten, dass für einen Bereich von Skalen, die deutlich kleiner sind als die Abmessungen der Strömung, die Einzelheiten der Energieumwandlung von der mittleren Strömung in turbulente Schwankungen keinen Einfluss haben. Bei diesen kleinen Skalen sollten die turbulenten Schwankungsgrößen also nicht von der Raumrichtung abhängen. Die Turbulenz hat somit eine lokalisotrope Struktur[4]. Zusätzlich sollte die viskose Dämpfung oberhalb einer bestimmten Wirbelgröße vernachlässigbar sein, was dazu führt, dass die gesamte Energie an kleinere Skalen weitergegeben wird. Der Überschneidungsbereich wird als Inertialbereich bezeichnet. Die spektrale Energieverteilung $E(k)$ muss dort vollständig durch die Wellenzahl k und die durch diesen Wellenzahlbereich transportierte Energie, welche gleich der auf kleinen Skalen dissipierten Energiemenge sein muss, gegeben sein. Die Dissipationsrate nimmt deshalb in diesem Bereich eine zentrale Rolle ein. Der Gültigkeitsbereich dieser Theorie wird durch zwei Längenmaßstäbe eingegrenzt. Die Längeneinheit, auf welcher die turbulente Energie der mittleren Strömung entzogen wird, ist das integrale Längenmaß L_{int}, welches sich durch die Autokorrelationsfunktion $\rho(r)$ definiert:

$$L_{int} = \int_0^\infty \rho(r) dr. \tag{2.8}$$

Das integrale Längenmaß bezeichnet näherungsweise die Ausdehnung der größten turbulenten Wirbel. Die Skala, auf der die viskose Vernichtung stattfindet, die also die Größe der

[4] Jovanović *et al.* (1992) konnten allerdings zeigen, dass dies nur für verschwindende Anisotropie der turbulenten Spannungen zutrifft.

kleinsten Wirbel bezeichnet, ist charakterisiert durch das Kolmogorov'sche Mikrolängenmaß:

$$\eta = \left(\frac{\nu^3}{\epsilon}\right)^{1/4}. \tag{2.9}$$

Die abgeleiteten Größen haben Auswirkungen auf die Möglichkeit, turbulente Strömungsfelder zu berechnen. Während nämlich die Ausdehnung der größten Wirbel durch die Randbedingungen vorgegeben ist, werden die Skalen, bis zu denen Schwankungsenergie transportiert wird, mit zunehmender Reynoldszahl immer kleiner. Es ergibt sich für das Verhältnis aus beiden Längenmaßstäben:

$$\frac{\eta}{L_{int}} = Re_{u'}^{-3/4}, \tag{2.10}$$

wobei $Re_{u'} = \frac{u' L_{int}}{\nu}$. Unter Berücksichtigung der drei Raumrichtungen folgt, dass die Anzahl der Freiheitsgrade der Strömung etwa mit $Re^{9/4}$ anwächst. Das bedeutet, dass direkte Strömungsberechnungen auf einem sich mit steigender Reynoldszahl sehr schnell verfeinernden Gitternetz stattfinden müssen, um alle Strömungsbewegungen erfassen zu können. Hierdurch wird die direkte Simulation bei technisch interessierenden Reynoldszahlen sehr schnell unmöglich. Diese Problematik kann nur durch Vereinfachungen der Grundgleichungen umgangen werden (siehe Abschnitt 2.3).

Besonderes Augenmerk wird in dieser Arbeit auf den unmittelbar wandnahen Bereich gelegt. Da bei der Annäherung an die Wand die lokalen Reynoldszahlen für alle Strömungen klein werden, ist zu vermuten, dass die statistischen Eigenschaften vollständig durch die Parameter der Strömung an der Wand beschrieben werden können. Diese sind im Falle einer zähigkeitsbehafteten, inkompressiblen Strömung die Fluiddichte ρ, die kinematische Viskosität des Strömungsmediums ν und die Wandschubspannung $\tau_w = -\mu\left(\frac{\partial U_1}{\partial x_2} + \frac{\partial U_2}{\partial x_1}\right)$. Weiterhin können im Prinzip auch Eigenschaften der Strömung eingehen, die vom fluktuierenden Strömungsfeld herrühren, wie z.B. der Grenzwert der turbulenten Dissipationsrate. Aus den genannten Größen lassen sich durch Dimensionsbetrachtung folgende charakteristische Skalen bilden:

- die Geschwindigkeitsskala $u_\tau = (\tau_w/\rho)^{1/2}$, die als Schubspannungsgeschwindigkeit bezeichnet wird,
- die Längenskala $l_\tau = \nu/u_\tau$,
- die Zeitskala $\tau = \nu/u_\tau^2$ und
- die Druckskala $p_\tau = \rho u_\tau^2$.

Diese Größen werden auch als „innere " Skalen bezeichnet. Eine Dimensionsbetrachtung zeigt, dass diese die einzig mögliche Kombination der Strömungsparameter ρ, ν und τ_w zu einem Satz von Skalen darstellen. Führt man nun die folgenden dimensionslosen Variablen ein:

$$t^+ = t/\tau, \quad x_i^+ = x_i/l_\tau, \quad U_i^+ = U_i/u_\tau, \quad p^+ = p/p_\tau, \tag{2.11}$$

lassen sich die Bewegungsgleichungen (2.1) für die Momentangeschwindigkeiten und den Druck unformen in die normierte Impulsgleichung:

$$\frac{\partial U_i^+}{\partial t^+} + U_k^+ \frac{\partial U_i^+}{\partial x_k^+} = -\frac{\partial p^+}{\partial x_i^+} + \frac{\partial^2 U_i^+}{\partial x_k^+ \partial x_k^+}, \tag{2.12}$$

und in die normierte Kontinuitätsgleichung (2.2) in

$$\frac{\partial U_i^+}{\partial x_i^+} = 0. \tag{2.13}$$

Es liegt somit ein geschlossener Satz von Differenzialgleichungen vor. Da die obigen Gleichungen unabhängig von den Fluideigenschaften sind, erscheint die Vermutung plausibel, dass die Lösung für U_i^+, für die Schwankungsgrößen u_i^+ und für alle höheren statistischen Momente im Grenzfall $x_2^+ \to 0$ universelles Verhalten zeigen, da die Gleichungen keine explizite Reynoldszahlabhängigkeit aufweisen. Sie müssen jedoch den Randbedingungen an der Wand und in der Außenströmung genügen. An der Wand gilt die Haftbedingung, welche ebenfalls keine Abhängigkeit von der Reynoldszahl aufweist. Der einzige Faktor, der nicht universell in inneren Variablen ausgedrückt werden kann, sind die Eigenschaften der Strömung in großer Entfernung von der Wand. Diese Randbedingungen, die z.B. bei einer Kanalströmung im Verschwinden der Ableitungen zeitlich gemittelter Größen auf der Kanalmitte bestehen, können nicht durch Darstellung in inneren Variablen in eine von der Reynoldszahl unabhängige Gestalt gebracht werden. Wenn also die normierten Größen an der Wand irgendwelche beträchtlichen Abweichungen von der inneren Skalierung aufweisen, bedeutet das schlichtweg, dass der Wandbereich empfindlich auf das Eindringen von Störungen reagiert, die von der Außenströmung kommen.

Ein Ansatz zur Beschreibung von Reynoldszahleinflüssen wurde von Bradshaw (1967) und Bradshaw & Huang (1995) dargelegt. Demnach können die von der Außenströmung kommenden Störungen in Anteile zerlegt werden, die entweder einen Einfluss oder keinen Einfluss auf die Dissipationsrate haben („*active motions and inactive motions*"). Als „inaktive Bewegungen" werden solche Störungen bezeichnet, die durch Druckschwankungen in der Außenströmgung erzeugt werden. Aus der Sicht des unmittelbar wandnahen Strömungsbereiches entsprechen diese Schwankungen einer quasistationären Veränderung der Außengeschwindigkeit, welche die Dynamik der Turbulenz nicht beeinflusst.

2.3 Turbulenzmodellierung - Das Schließungsproblem

Auch der Zufall ist nicht unergründlich
er hat seine Regelmäßigkeiten.
Novalis (1772-1801)

Durch Modellannahmen wird der Berechnungsaufwand turbulenter Strömungen stark reduziert.

Das Ziel der Turbulenzmodellierung ist eine deutliche Verringerung der Freiheitsgrade bei einer möglichst korrekten Beschreibung der turbulenten Strömungen. Die Genauigkeit der reproduzierten Strömungseigenschaften und die Anwendbarkeit auf möglichst viele verschiedene Strömungen sagt hierbei etwas über die Allgemeingültigkeit des jeweiligen Modells aus.

Die Grundidee der statistischen Theorie der Turbulenz nach Boussinesq (1877) und Reynolds (1883) ist es, in Analogie zur statistischen Mechanik eine zeitliche Mittelung der Betrachtungsgrößen vorzunehmen und lediglich statistische Größen turbulenter Strömungen wie Mittelwerte und Varianzen zu betrachten, da sich das Bestreben, alle Einzelheiten durch deterministische Bewegungsgleichungen zu beschreiben, als aussichtslos erweist. Ausgangspunkt dieser Methode ist die Zerlegung der Momentanwerte von Geschwindigkeit und Druck in zeitliche Mittelwerte und in Schwankungswerte um diese Mittelwerte:

$$U_j(x_i,t) = \overline{U}_j(x_i) + u_j(x_i,t), \quad P(x_i,t) = \overline{P}(x_i) + p(x_i,t), \tag{2.14}$$

Die zeitliche Mittelung der Navier-Stokes-Gleichung (2.1) führt zur sogenannten Reynoldsgleichung:

$$\frac{\partial \overline{U}_j}{\partial t} + \overline{U}_i \frac{\partial \overline{U}_j}{\partial x_i} = -\frac{1}{\rho}\frac{\partial \overline{P}}{\partial x_j} + \frac{\partial}{\partial x_i}\left(\nu \frac{\partial \overline{U}_j}{\partial x_i} - \overline{u_i u_j}\right) \tag{2.15}$$

Während die linearen Terme bei dem Übergang zur gemittelten Form ihre Struktur beibehalten, enstehen aus dem nichtlinearen Konvektionsterm in Gleichung (2.1) zusätzliche Korrelationen $\overline{u_i u_j}$ der Komponenten der turbulenten Geschwindigkeitsfluktuationen, die als „Reynoldspannungen“ bezeichnet werden. Die drastische Reduktion der Freiheitsgrade der Strömung wird somit durch eine Unterbestimmtheit des Gleichgungssystems erkauft. Die Aufgabe einer geeigneten Turbulenzmodellierung ist es nun, die unbekannten Terme in Gleichung (2.15) auf bekannte Korrelationen zurückzuführen und damit das Gleichungssystem zu schließen. Ansätze zur Lösung dieses Problems werden in Abschnitt 2.3 vorgestellt. Alle Turbulenzmodelle enthalten bestimmte vereinfachende Annahmen, die mehr oder weniger gut physikalisch gerechtfertigt sind. Um die Übereinstimmung der mit Modellen erzielten Berechnungsergebnisse mit den realen Strömungsverhältnissen zu untersuchen, werden die wichtigsten statistischen Größen aus Berechnungen und Experimenten miteinander verglichen. In dieser Arbeit werden dies die folgenden Größen sein:

- Die mittlere Geschwindigkeitskomponenten $\overline{U}_i(x_j)$. Die Kenntnis deren räumlicher Verteilung ermöglicht Aussagen über den Impulsverlust, den eine Strömung durch Bewandungen oder Störkörper erfährt. Die Deformation des mittleren Strömungsfeldes $\partial U_j/\partial x_i$ ist eine Voraussetzung für die Erzeugung von turbulenter Energie.

- Die RMS-Werte[5] der Geschwindigkeitsschwankungen $u_i' = \sqrt{\overline{u_i^2}} = \sqrt{\overline{(U_i - \overline{U}_i)^2}}$: Diese beschreiben die Stärke der Fluktuationen um den Mittelwert der Geschwindigkeit. Ihre genaue Kenntnis ist notwendig für die Bildung der turbulenten kinetischen Energie und für die Untersuchung von Anisotropieeffekten. Von unmittelbar technischem Interesse sind die Schwankungsgrößen beispielsweise dort, wo sie zur Erzeugung von Schall und zur Beanspruchung von Oberflächen führen.

[5] Der Begriff steht als Abkürzung für *root mean square*, da die Wurzel über die Summe der mittleren quadratischen Abweichungen gebildet wird.

- Die Reynoldsspannungen $\overline{u_i u_j}$ beschreiben den turbulenzbedingten Impulsaustausch. Über die Wechselwirkung mit dem Gradienten des mittleren Strömungsfeldes führen sie zur Produktion von turbulenter Energie.

- Die Skewness $S_i = \frac{\overline{u_i^3}}{(\overline{u_i^2})^{3/2}}$: Diese drückt die Asymmetrie zwischen der Häufigkeit positiver und negativer Schwankungen u_i aus.

- Die Flatness $F_i = \frac{\overline{u_i^4}}{(\overline{u_i^2})^2}$: Diese sagt etwas über die Häufigkeit überdurchschnittlich großer Strömungsfluktuationen aus.

Die Begriffe *Skewness* und *Flatness* erklären sich aus dem Vergleich mit der Gauß'schen Wahrscheinlichkeitsverteilung, welche für isotrope homogene Turbulenz ($S_i = 0$, $F_i = 3$) gültig ist[6].

In den Reynoldsgleichungen 2.15 treten bis zu sechs zusätzliche, unabhängige Terme für die Reynoldsspannungen auf. Da somit den vier Gleichungen zehn Unbekannte gegenüberstehen, ist das Gleichgungssystem unterbestimmt. Eine Methode, die Reynoldsspannungen zu modellieren, ist die Verknüpfung mit der mittleren Strömungsdeformation. Dieses Vorgehen geht auf eine Hypothese nach Boussinesq (1877) zurück, der in Analogie zur Newtonschen Annahme für zähe Fluide eine turbulente Viskosität ν_t einführte. Man erhält damit für die Reynoldsspannungen in verallgemeinerter Form:

$$-\overline{u_i u_j} = \nu_t(\frac{\partial \overline{U}_j}{\partial x_i} + \frac{\partial \overline{U}_i}{\partial x_j}) - \frac{2}{3} k \delta_{ij}. \tag{2.16}$$

Die turbulente Viskosität ν_t ist nicht durch die Stoffeigenschaften des Fluids, sondern durch die Eigenschaften der Strömung definiert, nämlich durch die Längen- und Geschwindigkeitsskalen der großen Wirbel. Sie wird daher auch als Wirbelviskosität und alle in dieser Weise konzipierten Turbulenzmodelle als Wirbelviskositätmodelle bezeichnet. Im Laufe der Zeit wurde die Beschreibung von ν_t, ausgehend von einem konstanten Wert (Boussinesq, 1877), über den Ansatz einer Mischungsweglänge (Prandtl, 1925) bis hin zur Beschreibung durch ein Geschwindigkeits- und ein Längenmaß (erstmals durch Kolmogorov, 1942) zunehmend komplexer und auch allgemeingültiger. Zum letztgenannten Fall zählt das häufig eingesetzte k-ϵ-Modell aus der Gruppe der Zweigleichungsmodelle, bei denen die Transportgleichungen für die turbulente kinetische Energie und eine für eine zweite Größe (meist die turbulente Dissipationsrate) zu lösen sind. Hierbei entsteht durch die Koppelung verschiedener Strömungsgebiete über Transportprozesse erstmals eine gewisse Nichtlokalität und ein Erinnerungsvermögen der Strömung. Obgleich das Konzept der Wirbelviskosität bis heute aufgrund seiner Einfachheit in vielen Berechnungsprogrammen zum Einsatz kommt, ist es von einer allgemeinen Gültigkeit weit entfernt. So können beispielsweise Einflüsse von Rotation, Stromlinienkrümmung und Strömungsablösung nicht richtig wiedergegeben werden. In wandnahen Gebieten konnte die k-ϵ-Modellierung lediglich durch die Einführung von empirischen Wandfunktionen so angepasst werden, dass die Ergebnisse den physikalischen Randbedingungen genügen. Da bei Strömungen, bei denen

[6] Eigentlich müsste man korrekter S_i als normiertes Moment dritter Ordnung und F_i als normierten Kumulanten vierter Ordnung bezeichen (siehe auch Rotta, 1972).

Anisotropieeffekte einer Rolle spielen, die Annahme einer gleichmäßigen Aufteilung der Schwankungsenergie auf die Schwankungskomponenten nicht mehr möglich ist, können diese Strömungen durch Wirbelviskositätsmodelle nicht richtig modelliert werden. Einer universellen Beschreibung der Turbulenzgrößen mittels Wirbelviskositätsannahme steht außerdem im Gegensatz zur Skalenbetrachtung in der Thermodynamik entgegen, dass keine Entkoppelung zwischen den Skalen der Wirbel und den Skalen der Strömung vorliegt. Eine Möglichkeit, diese Problematik auszuschließen, ist die vollständige Aufgabe der Wirbelviskositätshypothese und stattdessen das Heranziehen der Bestimmungsgleichungen für den Reynoldsspannungstensor.

Durch Subtraktion der Reynoldsgleichung 2.15 von der Navier-Stokes-Gleichung 2.1 bzw. der zeitlich gemittelten Kontinuitätsgleichung von Gleichung 2.2 erhält man folgendes Gleichungssytem für die turbulenten Fluktuationen:

$$\frac{\partial u_i}{\partial t} + U_k \frac{\partial u_i}{\partial x_k} + u_k \frac{\partial U_i}{\partial x_k} + \frac{\partial u_i u_k}{\partial x_k} - \frac{\partial \overline{u_i u_k}}{\partial x_k} = -\frac{1}{\rho}\frac{\partial p}{\partial x_i} + \nu \Delta_x u_i, \tag{2.17}$$

$$\frac{\partial u_i}{\partial x_i} = 0. \tag{2.18}$$

Durch die geeignete Kombination der Gleichungen (2.17) und (2.18) erhält man Beziehungen für die Momente beliebiger Ordnung. Die Bestimmungsgleichung für die Momente zweiter Ordnung lautet:

$$\frac{\partial \overline{u_i u_j}}{\partial t} + U_k \frac{\partial \overline{u_i u_j}}{\partial x_k} + \overline{u_j u_k}\frac{\partial U_i}{\partial x_k} + \overline{u_i u_k}\frac{\partial U_j}{\partial x_k}$$
$$+ \underbrace{\frac{\partial \overline{u_i u_j u_k}}{\partial x_k}}_{(I)} + \frac{1}{\rho}\underbrace{[\overline{u_j \frac{\partial p}{\partial x_i}} + \overline{u_i \frac{\partial p}{\partial x_j}}]}_{(II)} + 2\nu \underbrace{\overline{\frac{\partial u_i}{\partial x_k}\frac{\partial u_j}{\partial x_k}}}_{(III)} - \nu \Delta_x \overline{u_i u_j} = 0. \tag{2.19}$$

Es zeigt sich allerdings, dass in der Gleichung 2.19 wiederum unbekannte Korrelationen höherer Ordnung auftreten. Dies sind Geschwindigkeitskorrelationen höherer Ordnung (I), Geschwindigkeits-Durchgradientenkorrelationen (II) und Dissipationskorrelationen (III). Alle diese Korrelationen gilt es durch Ansätze mit bekannten Größen zu verbinden, um damit das resultierende Gleichungssystem schließen zu können. Die Hoffnung ist hierbei, dass es gelingt, die Ansätze so zu formulieren, dass sie physikalisch stimmig sind und das Verhalten turbulenter Strömungen möglichst gut beschreiben.

Bei Reynoldsspannungsmodellen liegen somit sechs unabhängige Differentialgleichungen für die Reynoldsspannungen vor, die noch durch mindestens eine Gleichung für die Dissipationsrate ergänzt werden müssen. Die turbulente Dissipationsrate $\epsilon_{ij} = \nu \overline{\frac{\partial u_i \partial u_j}{\partial x_k \partial x_k}}$ beschreibt die Umwandlung von kinetischer Energie in thermische Energie. Ihre allgemeingültige Modellierung ist sehr wichtig für eine korrekte Bilanzierung der Geschwindigkeitskorrelationen. Im Falle eines homogenen Turbulenzfeldes findet die Energieumwandung ausschließlich durch die momentanen Gradienten statt, die sich aus der Bewegung der Wirbel ergibt. Nur bei Vorliegen großer Strömungsinhomogenitäten, wie sie z.B. in Scherschichten auftreten, wird ein merklicher Teil der Energie durch Gradienten gemimttelter Größen dissipiert. Das theoretische Verfahren, welches den Einfluss der Inhomogenität berücksichtigt, ist die von Chou (1945a) entwickelte Zweipunkt-Korelationstechnik. Neben der Ortsabhängigkeit ist es auch wünschenswert, die Effekte der Richtungsabhängigkeit der Turbulenzstatistiken zu berücksichtigen. Aus den Reynoldsspannungen ist es möglich, den Grad der Anisotropie der Turbulenz anzugeben, welcher dann in eine Beschreibung der Modellierungsparameter eingehen kann. Das Verfahren, mit dem der Einfluß der Anisotropie berücksichtigt werden kann, ist die Invariantentheorie, welche von Lumley & Newman (1977) entwickelt wurde.

Da für den in dieser Arbeit im Mittelpunkt stehenden wandnahen Bereich turbulenter Strömungen sowohl anisotrope als auch inhomogene Effekte sehr stark ausgeprägt sind, soll hier noch eine Einführung in beide erwähnte Methoden gegeben werden. Ihre Anwendung für eine verbesserte Modellierung wird in Abschnitt 4.4 erfolgen.

Werkzeuge für die Behandlung des Schließungsproblems

A) Zweipunkt-Korrelationstechnik - Berücksichtigung von Strömungsinhomogenitäten

Die in die Dissipationsrate eingehenden Geschwindigkeitsgradienten können durch Wirbel verschiedener Größen hervorgerufen werden. Meist dominiert der Beitrag der auf kleinen Skalen dissipierten Energie. Nur wenn starke Strömungsinhomogenitäten auftreten, kann der Beitrag durch die grobskaligen Turbulenzstrukturen groß werden. Formal können die beiden Effekte voneinander unterschieden werden, indem die Strömungseigenschaften als Funktion des Abstandes zweier eng benachbarter Punkte ξ_k und als Funktion der Position x_{AB} der beiden Punkte im Strömungsfeld beschrieben werden:

$$\xi_k = (x_k)_B - (x_k)_A \,, \tag{2.20}$$

$$(x_k)_{AB} = \frac{1}{2}[(x_k)_A + (x_k)_B] \,. \tag{2.21}$$

Nun können die Ableitungen an Punkt A bzw. B in das neue Koordinatensystem transformiert werden:

$$\left(\frac{\partial}{\partial x_k}\right)_A = \left(\frac{\partial}{\partial x_k}\right)_{AB} \frac{\partial (x_k)_{AB}}{\partial (x_k)_A} + \frac{\partial}{\partial \xi_k}\frac{\partial \xi_k}{\partial (x_k)_A} \;=\; \frac{1}{2}\left(\frac{\partial}{\partial x_k}\right)_{AB} - \frac{\partial}{\partial \xi_k} \,, \tag{2.22}$$

$$\left(\frac{\partial}{\partial x_k}\right)_B = \left(\frac{\partial}{\partial x_k}\right)_{AB} \frac{\partial (x_k)_{AB}}{\partial (x_k)_B} + \frac{\partial}{\partial \xi_k}\frac{\partial \xi_k}{\partial (x_k)_B} \;=\; \frac{1}{2}\left(\frac{\partial}{\partial x_k}\right)_{AB} + \frac{\partial}{\partial \xi_k} \,. \tag{2.23}$$

Die Multiplikation von Gleichung (2.22) mit (2.23) führt zu dem folgenden Operator:

$$\left(\frac{\partial}{\partial x_k}\right)_A \left(\frac{\partial}{\partial x_k}\right)_B = \frac{1}{4}\left(\frac{\partial^2}{\partial x_k \partial x_k}\right)_{AB} - \frac{\partial^2}{\partial \xi_k \partial \xi_k} \,, \tag{2.24}$$

dessen Anwendung auf das Produkt der Geschwindigkeitsfluktuationen $(u_i)_A(u_j)_B$ folgende Beziehung ergibt:

$$\left(\frac{\partial}{\partial x_k}\right)_A \left(\frac{\partial}{\partial x_k}\right)_B (u_i)_A(u_j)_B = \frac{1}{4}\left(\frac{\partial^2}{\partial x_k \partial x_k}\right)_{AB} (u_i)_A(u_j)_B - \frac{\partial^2}{\partial \xi_k \partial \xi_k}(u_i)_A(u_j)_B \,. \tag{2.25}$$

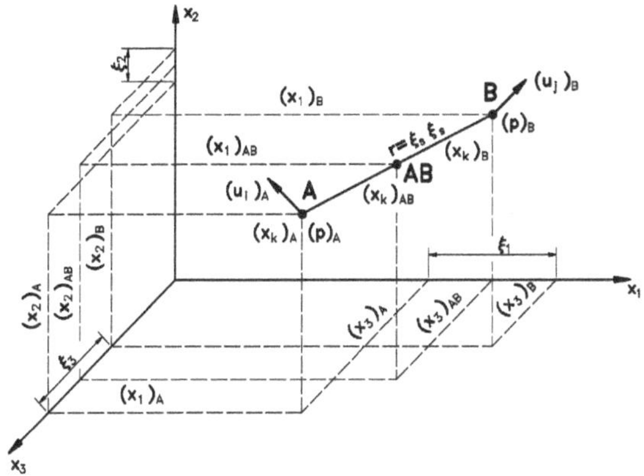

Abbildung 2.5: Veranschaulichung der Geschwindigkeitskorrelationen zwischen zwei Punkten A und B.

Bildet man nun den zeitlichen Mittelwert und bildet den Grenzwert $B \rightarrow A$, so erhält man eine Gleichung für die turbulente Dissipationsrate: (Kolovandin & Vatutin 1972):

$$\epsilon_{ij} = \underbrace{\frac{1}{4}\nu\Delta_x\overline{u_i u_j}}_{inhomogen} - \underbrace{\nu(\Delta_\xi\overline{u_i u_j'})_0}_{homogen} . \tag{2.26}$$

Der einfacheren Darstellung wegen werden die Werte am Punkt A ohne Index dargestellt, während der Apostroph $'$ den Wert der Funktion am Punkt B und der Index $_0$ den verschwindenden Abstand ($\xi = 0$) bezeichnen. Der inhomogene Anteil der Dissipationsrate ergibt sich als Krümmung der Reynoldsspannung und muss daher nicht modelliert werden. Jovanović *et al.* (1995) konnten zeigen, dass es von Vorteil ist, ausschließlich den homogenen Anteil der Dissipationsrate zu modellieren (siehe Abschnitt 4.4).

B) Invariantentheorie - Berücksichtigung der Turbulenzanisotropie

> ...l'universo... non si puo intendere se prima non s'impara a intender la lingua,
> e conoscer i caratteri, ne' quali è scritto. Egli è scritto in lingua matematica,
> e i caratteri sono *triangoli*, cerchi, ed altre figure geometriche,
> senza i quali mezi e impossibile a intenderne umanamente parola;
> senza questi è un aggirarsi vanamente per un'oscuro laberinto.
> Opere Il Saggiatore p. 171; Galilei, Galileo (1564 - 1642)

Lumley und Newmann (1977) haben gezeigt, dass man unter Verwendung des Anisotropie-Tensors

$$a_{ij} = \frac{\overline{u_i u_j}}{q^2} - \frac{1}{3}\delta_{ij}, \tag{2.27}$$

und seiner skalaren Invarianten:

$$II_a = a_{ij}a_{ji}, \tag{2.28}$$

$$III_a = a_{ij}a_{ik}a_{jk}. \tag{2.29}$$

die Anisotropie quantifizieren kann und den Zustand der Turbulenz definieren kann. Die grundlegenden Eigenschaften der Dynamik von turbulenten Strömungen sind durch den Anisotropiefaktor determiniert.

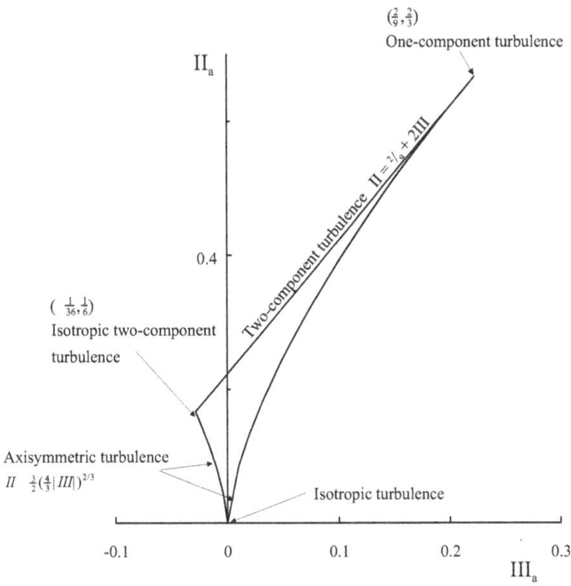

Abbildung 2.6: Anisotropie-Invarianten-Karte.

Die Auftragung von (II_a) gegenüber (III_a) für den Fall axialsymmetrischer Turbulenz:

$$II_a = \frac{3}{2}\left(\frac{4}{3}|III_a|\right)^{2/3}, \tag{2.30}$$

und Zwei-Komponenten-Turbulenz:

$$II_a = \frac{2}{9} + 2III_a, \tag{2.31}$$

definiert die Anisotropie-Invarianten-Karte nach Lumley (1978). Die beschriebene Darstellung ist in Abbildung 2.6 für die verschiedenen asymptotischen Zustände von Turbulenz gezeigt. Diese Zustände definieren eine Fläche mit drei Eckpunkten, in welcher alle physikalisch realisierbaren Zustände zu liegen kommen müssen. Die Bedeutung der Invariantenkarte liegt also zum einen darin, dass sie gegenüber solchen Zuständen abgrenzt, die in der Natur nicht vorkommen können. Zum anderen liegt der Invariantentheorie die Annahme zugrunde, dass die Dynamik eines Turbulenzzustandes in wesentlichen Zügen durch die Lage in der Invariantenkarte bestimmt ist. Benachbarte Punkte in der Invariantenkarte haben demnach ähnliches physikalisches Verhalten. Dieser Sachverhalt kann zur Bestimmung von Modellierungsparametern als Funktionen von II_a und III_a genutzt werden.

Die von Jovanović *et al.* (1995) ausgearbeitete Strategie zu einer verbesserten Turbulenzmodellerung ist die folgende: Da durch die Symmetrien entlang der Randkurven oftmals vereinfachte Betrachtungen möglich sind, werden die Modellierungsparameter zunächst an den Randpunkten bzw. Randkurven der Invariantenfläche durch analytische Betrachtungen bzw. durch die Auswertung von Daten aus Direkter Numerischer Simulation spezifiziert. Die Modellierungsparameter für die Zustände innerhalb der Invariantenfläche werden nun durch eine Überlagerung der Werte an den Randpunkten approximiert. Sind ausschließlich die Werte an den Eckpunkten bestimmt, so werden zunächst die Werte für achsensymmetrische bzw. für Zweikomponententurbulenz durch lineare Interpolation gemäß der jeweiligen Werte der dritten Invariante III_a ermittelt. Die Werte einer Größe

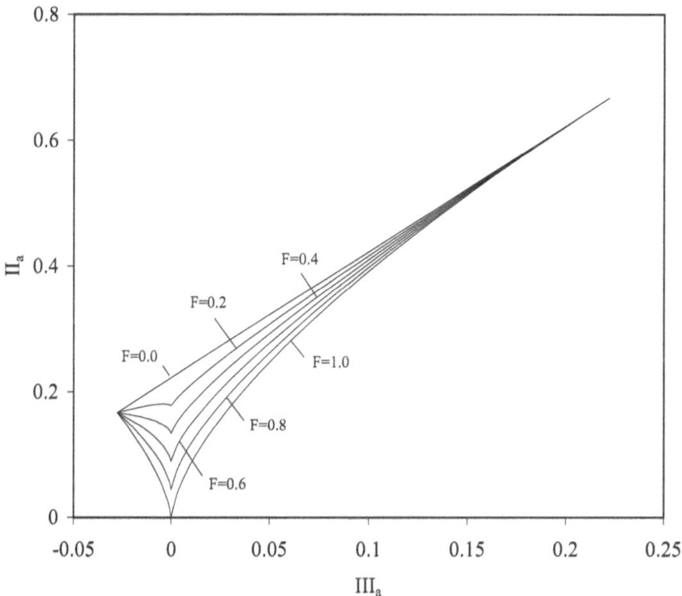

Abbildung 2.7: Äquipotentiallinien der Interpolationsfunktion F.

Y lassen sich dann durch lineare Interpolation (nun gemäß dem vorliegenden II_a-Wert) zwischen dem Wert in Zweikomponenten-Turbulenz und achsensymmetrischer Turbulenz bestimmen:

$$Y = (1 - F)(Y)_{2C} + F(Y)_{axi} \,. \tag{2.32}$$

Hierbei gilt:

$$F = \frac{1 - 9(\frac{1}{2}II_a - III_a)}{1 - 9\left[\frac{3}{4}\left(\frac{4}{3}|III_a|\right)^{2/3} - III_a\right]} \,. \tag{2.33}$$

Der Übergang von $F = 0$ bis $F = 1.0$ innerhalb des Invariantendreiecks ist veranschaulicht in Abbildung 2.7, wo die Linien gleicher Werte der Gewichtungsfunktion F in die Invariantenkarte eingetragen wurden.

Kapitel 3

Arbeiten zur Laser-Doppler-Anemometrie

Measure what is measurable, and make measurable what is not so.
Zitiert in H. Weyl „Mathematics and the Laws of Nature“
in I Gordon and S. Sorkin (eds.)
The Armchair Science Reader, New York: Simon and Schuster, 1959
Galilei, Galileo (1564 - 1642)

Das Ziel vieler experimenteller Untersuchungen in der Strömungsmechanik ist die Bereitstellung lokaler Geschwindigkeitsinformationen von Strömungen, die entweder für die Lösung konkreter technischer Probleme von Interesse sind oder deren Untersuchung die Grundlage für eine Verbesserung der Modellvorstellungen von Turbulenz bildet. In diesem Zusammenhang können räumlich hochaufgelöste Strömungsmessungen auch für die Validierung von Strömungsvorhersagen verwendet werden, die mit numerischen Methoden gewonnenen wurden. Die höchsten Anforderungen an die Genauigkeit von Berechnungsverfahren und Experimenten stellen die an feste Wände angrenzenden Strömungsbereiche, da dort große Gradienten der zu bestimmenden Größen auftreten. Während die Hitzdrahtanemometrie in Wandnähe aufgrund ihrer Wechselwirkung mit den thermischen Eigenschaften der Wand ausscheidet, ist die Laser-Doppler-Anemometrie prinzipiell auch dort in der Lage, mit der erforderlichen Genauigkeit experimentelle Daten zu liefern. Für eine Einleitung in die Laser-Doppler-Messtechnik und deren physikalische Grundlagen sei auf Durst et al. (1981) verwiesen.

3.1 Messvolumenkorrekturen

Ausgehend von den Mechanismen der Signaldetektion und der Signalverarbeitung ist eine genaue Analyse der statistischen Größen durchzuführen.

Durch eine geeignete Wahl der optischen Parameter eines Laser-Doppler-Anemometers ist es in den meisten Fällen möglich, die Abmessungen des Messvolumens d_j so klein zu wählen, dass Variationen der Geschwindigkeit U_i innerhalb des Messvolumens vernachlässigbar sind. Schwierigkeiten können jedoch in Schichten hoher Scherung, also z.B. in Wandnähe, auftreten. Je höher nämlich der Geschwindigkeitsgradient am Ort des Messvolumens ist, desto größer sind die Geschwindigkeitsunterschiede zwischen verschiedenen Signalen aus dem Messvolumen. Dies führt zu einer künstlichen Verbreiterung und Deformation der Wahrscheinlichkeitsdichteverteilung gegenüber einer lokalen Messung. Die gemessenen Turbulenzeigenschaften zeigen daher eine Abhängigkeit von der Größe des Messvolumens und bedürfen der Anwendung von Korrekturen. In der Literatur sind verschiedene Ansätze beschrieben, die den Einfluss der Messvolumengröße auf Turbulenzmessungen beschreiben.

Unter den ersten Veröffentlichungen zu dieser Problematik sind die Arbeiten von Goldstein und Adrian (1971), Melling (1973) und Kreid (1974) zu nennen. Dort wurden die zu messenden statistischen Größen durch eine Mittelung über die Zeit und die x_2-Koordinate bestimmt. Analytische Betrachtungen von Melling (1973) zeigten, dass eine konstante Wahrscheinlichkeit G für die Detektion von Teilchen die gemessenen Schwankungswerte deutlich überbewertet und dass somit eine Verteilung der Detektionswahrscheinlichkeit in Betracht gezogen werden muss.

Eine weitergehende Behandlung des Problems wurde von Durst *et al.* (1992) durchgeführt. Da die Detektion eines Ereignisses durch die Signalamplitude bestimmt ist, wurde dort angenommen, dass G direkt proportional zur Intensität des Streulichtes ist, also gemäß der Gauß'schen Intensitätsverteilung im Zentrum des Messvolumens am größten ist. Um die theoretische Behandlung der Signalauswertung zu vereinfachen, gingen Durst *et al.* (1992) von den folgenden Annahmen aus:

- Das mittlere Strömungsfeld ändert sich ausschließlich in Normalenrichtung.
- Im Messvolumen ist die Lichtintensität Gauß-verteilt.
- Die Wahrscheinlichkeit G für die Wahrnehmung eines Streuteilchens ist proportional zur Lichtintensität im Messvolumen.

Wird die Richtung der Änderung der mittleren Geschwindigkeit als parallel zur x_2-Achse angenommen, so folgt:

$$G(x_2) = \frac{4}{(2\pi)^{1/2} d_2} \exp\left[\frac{1}{2}\left(\frac{x_2 - x_{2,c}}{d_2}\right)^2\right], \tag{3.1}$$

wobei d_2 der Durchmesser des Messvolumens basierend auf dem e^{-2}-Kriterium der Gauß'schen Intensitätsverteilung und $x_{2,c}$ dessen Abstand von der Wand sind. Durst *et al.* (1992) leiteten eine explizite Beziehung zwischen gemessenen Werten und lokalen Mittelwerten ab, indem sie U_i in der Form einer abgebrochenen Taylor-Reihenentwicklung um das Zentrum des Messvolumens ausdrückten.

Um die Genauigkeit der abgeleiteten Korrekturen beurteilen zu können, führten Durst *et al.* (1995) Messungen in einer laminaren Grenzschicht an einer flachen Platte durch, indem sie ein LDA-System gleichzeitig mit einem Hitzdraht-Anemometer einsetzten. Durch die Anwendung der analytisch hergeleiteten Korrektur der Laser-Doppler-Messungen auf

Strömungsgebiete mit großen Geschwindigkeitsgradienten war es für geeignet gewählte Messvolumendurchmesser möglich, LDA-Messungen und Hitzdrahtmessungen in Übereinstimmung zu bringen. Dennoch ist die in der Literatur beschriebene Vorgehensweise in ihrer Allgemeingültigkeit eingeschränkt. So vernachlässigt eine räumliche Integration ausschließlich in Normalenrichtung die ellipsoidale Gestalt des Messvolumens. Außerdem ist die Annahme einer Proportionalität der Detektionswahrscheinlichkeit zur lokalen Laserlichtleistung unrealistisch, da das Kriterium für die Detektion von Streuteilchen diskret ist[1]. Obige Annahme wäre nur dann gerechtfertigt, wenn jede Teilchengröße gleich häufig in der Strömung vorkäme und ein linearer Zusammenhang zwischen Teilchengröße und Streulichtleistung bestünde. Dann würden umso mehr Teilchen detektiert, je höher die lokale Laserlichtintensität am Ort des Ereignisses wäre. In Wahrheit weist die Streulichtintensität, die näherungsweise nach den Regeln der Mie-Streuung berechnet werden kann, jedoch eine komplexe Abhängigkeit von der Teilchengröße auf. Außerdem zeigen die Größenverteilungen von Streuteilchen, die der Strömung beigemengt sind, ausgeprägte Maxima bei bestimmten Teilchengrößen.

Für eine genaue mathematische Behandlung wird im Rahmen der vorliegenden Arbeit deshalb von den folgenden Voraussetzungen ausgegangen (siehe auch Fischer et al. 1998*b*):

- Das Messvolumen hat ellipsoidale Gestalt.
  Diese Annahme ist bei guter Strahlqualität und genauer Ausrichtung der Optik gerechtfertigt.

- Durchquert ein Streuteilchen das (noch näher zu definierende) Messvolumen, so wird es detektiert, außerhalb des Messvolumens wird das Ereignis als nicht gültig verworfen.
  Diese Annahme ist sehr gut erfüllt, wenn die Streuteilchen näherungsweise monodispers sind.

- Die Teilchenrate innerhalb des Messvolumens ist konstant.
  Abweichungen von dieser Annahme können auftreten, wenn sich die mittleren Geschwindigkeiten an verschiedenen Orten des Messvolumens prozentual stark unterscheiden[2].

- Das gesamte LDA-Signal wird für die Frequenzbestimmung herangezogen.
  Es sind Detektionsverfahren zu vermeiden, bei welchen nur ein Teil des Doppler-Bursts verwendet wird[3].

- Die Schwankungsgeschwindigkeiten senkrecht zur Richtung der gemessenen Geschwindigkeit u'_2, u'_3 sind viel kleiner als die mittlere Geschwindigkeit $|U_1|$.
  Das entspricht Streuteilchenbahnen, die in etwa parallel zur Hauptströmungsrichtung verlaufen. Diese Annahme ist insofern von Bedeutung, als eine Gewichtung der

[1] Ein Teilchenereignis wird von der Auswerteelektronik entweder als gültig eingestuft oder als ungültig verworfen.

[2] Auf die Möglichkeit einer Teilchenratenvariation in unmittelbarer Wandnähe wird am Ende dieses Abschnittes eingegangen.

[3] Bei der Verwendung eines Counters ist der *Total Burst Mode* zu wählen.

Detektionswahrscheinlichkeit mit der momentanen Strömungsrichtung zu vermeiden ist („angular biasing").

Nicht immer ist die zuletzt aufgeführte Annahme mit der Realität in Übereinstimmung zu bringen, da z.B. in Wandnähe merkliche Schwankungen in Spannweitenrichtung auftreten. Dennoch kann die Problematik des „angular biasing" weitgehend unterdrückt werden, indem die Frequenzverschiebung zwischen den beiden Laserstrahlen des LDA-Systems ν_{Sh} deutlich größer als die Signalfrequenz ν_{Sig} gewählt wird. Die Anzahl der Schwingungsperioden des LDA-Signals wird dann nämlich für große $\frac{\nu_{Sh}}{\nu_{Sig}}$ proportional zur Aufenthaltsdauer des Streuteilchens im Messvolumen und damit unabhängig von der Bewegungsrichtung des Teilchens. Gleichzeitig ist aber darauf zu achten, dass auch für Teilchen mit sehr kleinen Geschwindigkeiten die durch die Auswerteelektronik festgelegte maximale Anzahl von Schwingungsperioden des LDA-Signals nicht überschritten wird. In der Praxis haben sich Verhältnisse ν_{Sh}/ν_{Sig} von etwa 5 als optimal herausgestellt.

Die Durchquerung des Messvolumens von einem Streuteilchen ist in Abbildung 3.1 skizziert. Der Doppler-Burst eines gültigen Ereignisses enthält die Information über die Ge-

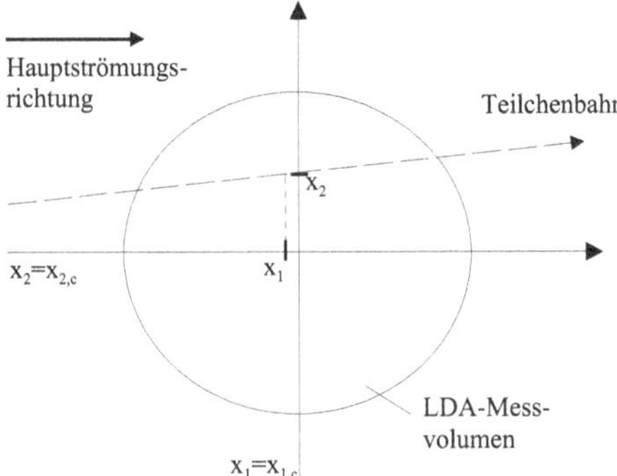

Abbildung 3.1: Skizze des LDA-Messvolumens

schwindigkeit des Teilchens innerhalb des Messvolumens. Da die Strömungskomponente senkrecht zu den LDA-Interferenzebenen dominiert, ist die über die Teilchenbahn gemittelte Geschwindigkeit äquivalent zu der Geschwindigkeit im Durchstoßpunkt durch die Ebene $x_1 = x_{1,c}$. Für die Geschwindigkeit eines Teilchenereignisses gilt somit $U_i = U_i(x_{1,c}, x_2, x_3, t)$. Das Aufsummieren über viele Ereignisse entspricht somit einer Zeitmittelung zuzüglich einer räumlichen Integration über eine x_2-x_3-Ellipse in der Ebene $x_1 = x_{1,c}$. Diese Integration wird im Folgenden durchgeführt, um den Einfluss der endlichen Ausdehnung des LDA-Messvolumens zu studieren.

Aufgrund der kleinen Abmessungen des Messvolumens ist es möglich, sowohl die mittlere Geschwindigkeit $\overline{U}_i$ als auch die momentane Fluktuation $u_i = U_i - \overline{U}_i$ um ihren Wert im

Zentrum des Messvolumens in Taylor-Reihen zu entwickeln:

$$\overline{U}_i = \overline{U}_{i,c} + \sum_{n=1}^{\infty} \frac{1}{n!} \left(\frac{\partial^n \overline{U}_i}{\partial x_j^n} \right)_c (x_j - x_{j,c})^n, \tag{3.2}$$

$$u_i = u_{i,c} + \sum_{n=1}^{\infty} \frac{1}{n!} \left(\frac{\partial^n u_i}{\partial x_j^n} \right)_c (x_j - x_{j,c})^n. \tag{3.3}$$

Zur Bestimmung des statistischen Wertes im Zentrum des Messvolumens muss nun eine Verbindung zwischen den über das ganze Messvolumen gemittelten Größen und den Werten am Ort $x_{j,c}$ hergestellt werden. Die momentane Geschwindigkeit eines Messereignisses am Ort $(x_{1,c}, x_2, x_3)$ lässt sich zum einen in Mittel- und Schwankungswerte an diesem Ort, zum anderen aber auch in die über das gesamte Messvolumen gemittelte Geschwindigkeit und in die momentanen Abweichungen hiervon aufspalten. Hieraus resultiert eine Beziehung zwischen den gemessenen Werten und den Werten am Ort des Teilchens:

$$\overline{U}_i(x_{1,c}, x_2, x_3) + u_i(x_{1,c}, x_2, x_3, t) = \overline{U}_{i,c_v} + u_{i,c_v}(t). \tag{3.4}$$

Die Messung einer beliebigen, interessierenden statistischen Größe wird formal durch folgende Operation beschrieben:

$$\overline{A}_{c_v} = \lim_{T \to \infty} \frac{1}{T} \int_0^T \left\{ \frac{1}{V} \int_{c_v} A(\underline{x}, t) d\underline{x} \right\} dt \tag{3.5}$$

Die zeitliche Mittelung ist hierbei durch einen Querbalken über der Messgröße angegeben, die räumliche Mittelung über das Messvolumen ist durch einen Index c_v gekennzeichnet.

Zunächst werde die mittlere Geschwindigkeit betrachtet. Es ergibt sich das Integral

$$\overline{U}_{i,c_v} = \int_{x_2-d_2/2}^{x_2-d_2/2} \int_{x_3-d_3/2}^{x_3-d_3/2} \overline{U}_i \, dx_2 \, dx_3 / \int_{x_2-d_2/2}^{x_2-d_2/2} \int_{x_3-d_3/2}^{x_3-d_3/2} dx_2 \, dx_3. \tag{3.6}$$

Da mittlere Größen keine Abhängigkeit von der x_3-Position aufweisen, kann die x_3-Integration als erstes ausgeführt werden. Sie resultiert in der Breite des Messvolumens an der jeweiligen x_2-Position. Aus Gleichung (3.6) folgt somit:

$$\overline{U}_{i,c_v} = \frac{4}{\pi d} \int_{x_2-d_2/2}^{x_2-d_2/2} \sqrt{1 - \frac{2(x_2 - x_{2,c})}{d_2}} \, \overline{U}_i \, dx_2. \tag{3.7}$$

Ersetzt man nun $\overline{U_i}$ durch die Taylor-Reihenentwicklung (3.2), so entscheidet die Integration darüber, welche Terme der Taylor-Reihenentwicklung zu einer Korrektur beitragen. Das Ergebnis für die Korrekturgleichung der mittleren Geschwindigkeit lautet dann:

$$\overline{U}_{i,c_v} = \overline{U}_{i,c} + \frac{d_2^2}{32} \left(\frac{\partial^2 \overline{U}_i}{\partial x_2^2} \right)_c + \mathcal{O}(d_2^4). \tag{3.8}$$

Die gemessene mittlere Geschwindigkeit wird demnach erst durch Terme ab der zweiten Ordnung in d_2 beeinflusst. Da aber in unmittelbarer Wandnähe das lineare Wandgesetz gilt, verschwindet der zweite Term auf der rechten Seite von Gleichung (3.8). Die LDA-Messtechnik ist somit in der Lage, bis hin zu sehr kleinen Wandabständen fehlerfreie Mittelwerte der Geschwindigkeit zu liefern.

Anders stellt sich die Situation bei den turbulenten Fluktuationen dar. Der gemessene Schwankungswert u'_{c_v} ist definert durch:

$$u'^2_{i,c_v} = \overline{u^2_{i,c_v}(t)}. \tag{3.9}$$

Mit den Gleichungen (3.2),(3.3) und (3.4) erhält man folgende Beziehung:

$$\begin{aligned} u_{i,c_v}(t) &= u_i(\underline{x}_c, t) + \sum_{j=1}^{2}\sum_{n=1}^{\infty} \frac{1}{n!}\left(\frac{\partial^n u_i(x_{1,c}, x_2, x_3, t)}{\partial x_j^n}\right)_c (x_j - x_{j,c})^n \\ &+ \sum_{n=1}^{\infty} \frac{1}{n!}\left(\frac{\partial^n \overline{U_1}(x_2)}{\partial x_2^n}\right)_c (x_2 - x_{2,c})^n - \frac{1}{8}\left(\frac{d_2}{2}\right)^2 \left(\frac{\partial^2 \overline{U_1}}{\partial x_2^2}\right)_c + \mathcal{O}(d_2^4) \end{aligned} \tag{3.10}$$

Die Integration und die Berücksichtigung aller Terme bis zur zweiten Ordnung führt zur Korrekturgleichung für die gemessenen turbulenten Schwankungen:

$$\overline{u^2_{i,c_v}} = \overline{u^2_{i,c}} + \frac{d_2^2}{32}\left[2\left(\frac{\partial \overline{U}_i}{\partial x_2}\right)_c^2 + \left(\frac{\partial^2 \overline{u_i^2}}{\partial x_2^2}\right)_c\right] + \mathcal{O}(d_2^4), \tag{3.11}$$

Die Korrektur für die turbulente Intensität setzt sich aus zwei nicht zu vernachlässigenden Beiträgen zusammen. Der erste Korrekturterm ist proportional zum Quadrat des mittleren Geschwindigkeitsgradienten. Hinzu kommt noch ein zweiter Term, der durch die Krümmung des Profils der turbulenten Intensität bestimmt ist.

Mit einer analogen Vorgehensweise können auch die Korrekturen für die statistischen Momente höherer Ordnung abgeleitet werden. Die Kombinationsmöglichkeiten von Termen der Taylor-Reihenentwicklung und die Anzahl der notwendigen Umformungen werden jedoch zunehmend umfangreicher. Die Korrektur für das Moment dritter Ordnung hat zwei relevante Beiträge:

$$\overline{u^3_{i,c_v}} = \overline{u^3_{i,c}} + \frac{d_2^2}{32}\left[6\left(\frac{\partial \overline{U}_i}{\partial x_2}\right)_c \left(\frac{\partial \overline{u_i^2}}{\partial x_2}\right)_c + \left(\frac{\partial^2 \overline{u_i^3}}{\partial x_2^2}\right)_c\right] + \mathcal{O}(d_2^4). \tag{3.12}$$

Bei der Korrektur für das Moment vierter Ordnung dürfen drei Beiträge nicht vernachlässigt werden:

$$\begin{aligned} \overline{u^{+4}_{i,c_v}} &= \overline{u^4_{i,c}} + \frac{3d_2^{+2}}{8}\left(\frac{\partial \overline{U}_i^+}{\partial x_2^+}\right)_c^2 \overline{u^{+2}_{i,c}} \\ &+ \frac{d_2^{+2}}{32}\left[8\left(\frac{\partial \overline{u_i^{+3}}}{\partial x_2^+}\right)_c \left(\frac{\partial \overline{U_i^+}}{\partial x_2^+}\right)_c + \left(\frac{\partial^2 \overline{u_i^{+4}}}{\partial x_2^{+2}}\right)_c\right] + \mathcal{O}(d_2^4). \end{aligned} \tag{3.13}$$

Allgemein lässt sich festhalten, dass die Korrekturen mit zunehmender Ordnung der Momente immer komplizierter werden.

Nun soll noch eine Problematik diskutiert werden, die auftritt, wenn die Annahme über die Homogenität der Teilchenrate innerhalb des Messvolumens nicht erfüllt ist. Dies ist vor allem für die wandnächsten Messungen zu erwarten, da dann die mittlere Geschwindigkeit an verschiedenen Orten im Messvolumen prozentual stark differiert. Für die Herleitung einer Korrekturgleichung werde angenommen, dass die Datenrate direkt proportional zur lokalen mittleren Geschwindigkeit ist:

$$\overline{U}_{i,c_v} = \frac{4}{\pi d x_{2,c}} \int_{x_2-d_2/2}^{x_2-d_2/2} x_2 \sqrt{1-\frac{2x_2}{d_2}}\, \overline{U}_i \, dx_2. \tag{3.14}$$

Es ergibt sich schließlich die folgende Gleichung:

$$\overline{U}_{i,c_v} = \overline{U}_{i,c} + \frac{d_2^2}{16} \frac{1}{x_{2,c}} \left(\frac{\partial \overline{U}_i}{\partial x_2} \right)_c + \mathcal{O}(d_2^4). \tag{3.15}$$

Hieraus folgt, dass die Korrektur aufgrund der Änderung der Datenrate proportional zum Gradienten der mittleren Geschwindigkeit ist und daher (im Gegensatz zur Korrektur nach Gleichung 3.8) in der Nähe der Wand nicht vernachlässigt werden darf.

Analyse der Korrekturen unter Verwendung numerischer Daten

Um einen Einblick zu bekommen, wie sich die ermittelten Korrekturen auf die gemessenen Daten wandbegrenzter Strömungen auswirken, und um Rückschlüsse auf eine geeignete Wahl von experimentellen Parametern zu ermöglichen, werden nun die Gleichungen (3.11) bis (3.13) und Gleichung (3.15) auf einen Datensatz aus Direkter Numerischer Simulation angewendet (Fischer et al. 1999*a*). Hierfür werden die Berechnungen einer turbulenten Kanalströmung bei der Reynoldszahl $Re_m = 6700$ nach Gilbert & Kleiser (1991) herangezogen. Der Einfluss der endlichen Messvolumenausdehnung wurde für Werte von $d_2^+ = 1$ bis $d_2^+ = 8$ nachgestellt. Hiermit werden beispielsweise bei der experimentellen Untersuchung einer Strömung durch einen Wasserkanal, der $0.01m$ Meter hoch ist, Durchmesser zwischen 25μm und 200μm abgedeckt. Dies entspricht der Bandbreite typischer Laser-Doppler-Anemometer. Da im Experiment nur solche Positionen zugänglich sind, die nicht näher als ein halber LDA-Messvolumendurchmesser von der Wand entfernt sind, werden bei den weiteren Darstellungen lediglich diejenigen Daten aufgetragen, die dieses Kriterium erfüllen.

Für die gemessenen mittleren Geschwindigkeiten ist ausschließlich der Einfluss der variierenden Datenrate nach Gleichung (3.15) zu berücksichtigen, da die Korrekturen nach Gleichung (3.8) vernachlässigbar sind. Die Auswertung der Daten in Abbildung 3.2 zeigt, dass sich die mittlere Geschwindigkeit für die wandnächsten Punkte - unabhängig von der Messvolumengröße - um bis zu 25% erhöht. Diese Abweichungen können nach Durchführung eines Experiments rechnerisch ausgeglichen werden, insofern die Annahme vertretbar ist, dass die Datenrate proportional zu lokalen mittleren Geschwindigkeit ist. Alternativ kann man aber auch die Frage nach dem wandnächsten Punkt stellen, bei dem der Korrekturfehler kleiner als z.B. 2% ist. Es zeigt sich, dass dann nur solche Punkte herangezogen werden dürfen, die weiter als $x_2 = \frac{3}{2}d_2$ von der Wand entfernt sind. Dies bedeutet, dass

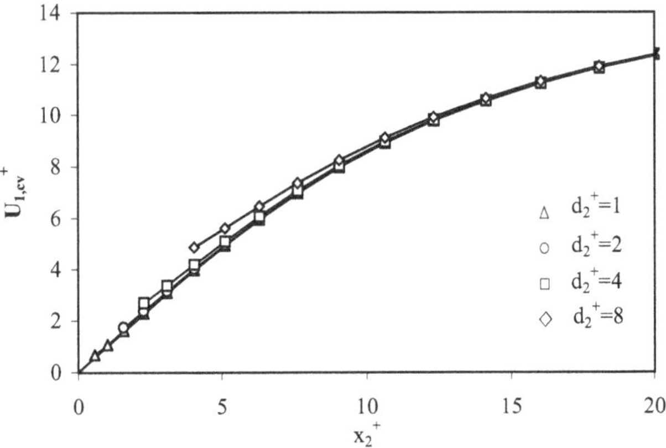

Abbildung 3.2: Einfluss der endlichen Größe des Messvolumens auf Messungen der mittleren Geschwindigkeit nach Gleichung (3.15), angewendet auf die DNS-Daten von Gilbert und Kleiser (1991).

insbesondere für größere Messvolumina (hier z.B. $d_2^+ = 4$ bzw. $d_2^+ = 8$) die Einschränkung des wandnahen Bereiches beträchtlich wird.

In Abbildung 3.3 sind die bei Messungen zu erwartenden mittleren turbulenten Fluktuationen aufgetragen. Deutlich ist die Erhöhung der Schwankungswerte nahe der Wand zu erkennen. Sogar das Maximum des RMS-Wertes bei $x_2^+ \approx 15$ wird bei den größeren Messvolumina in der Höhe und in der Position beeinflusst. Es resultiert eine Verschiebung des gemessenen Maximums hin zu kleineren Wandabständen. Aus dieser Analyse kann folgende Schlussfolgerung auf den Einfluss der Reynoldszahl in Wandnähe gezogen werden: Bei Nichtbeachtung der Messvolumenkorrekturen führt eine Erhöhung der Reynoldszahl zu einer Erhöhung der normierten Messvolumengröße d_2^+ und damit zu einer scheinbaren Erhöhnung der wandnahen turbulenten Schwankungen.

Interessant ist es auch, zu beleuchten, wie die beiden Korrekturterme in Gleichung (3.11) zur Erhöhung der gemessenen turbulenten Schwankungen beitragen. Aus Abbildung 3.4 ist zu erkennen, dass der Term proportional zum Gradienten der mittleren Geschwindigkeit die Gesamtkorrekturen für alle Wandabstände dominiert. Eine Analyse des Grenzverhaltens von Gleichung (3.11) bei Annäherung an die Wand ergibt folgende Abschätzung:

$$\overline{u_{1,c_v}^{+2}} \approx \overline{u_{1,c}^{+2}} + \frac{d_2^{+2}}{16}\left[1 + \left(\frac{\overline{u_1'^2}}{\overline{U}_1^2}\right)_{\text{Wand}}\right]. \tag{3.16}$$

Setzt man hier typische Literaturwerte für den Turbulenzgrad an der Wand ein ($\lim_{x_2\to 0} \frac{u_1'}{\overline{U}_1} \approx 0.4$), so zeigt sich, dass der zweite Term in Gleichung (3.11) maximal etwa 16% zum Gesamtwert der Korrekturen beiträgt. Erwähnenswert ist auch, dass der zweite Korrekturterm innerhalb des Überlappungsbereiches die gemessenen turbulenten Schwankungen

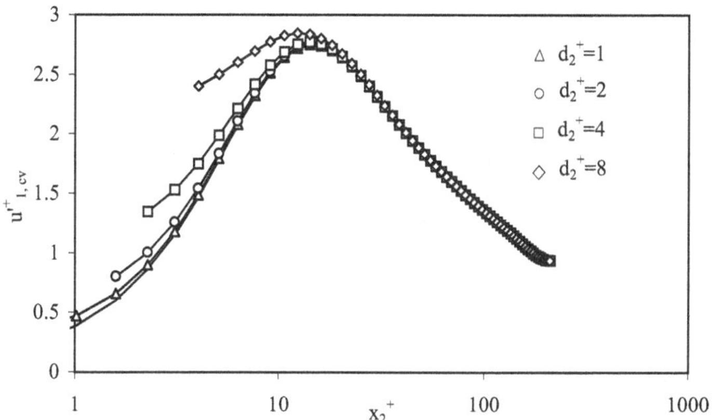

Abbildung 3.3: Einfluss der endlichen Größe des Messvolumens auf Messungen des RMS-Wertes nach Gleichung (3.11), angewendet auf die DNS-Daten von Gilbert und Kleiser (1991).

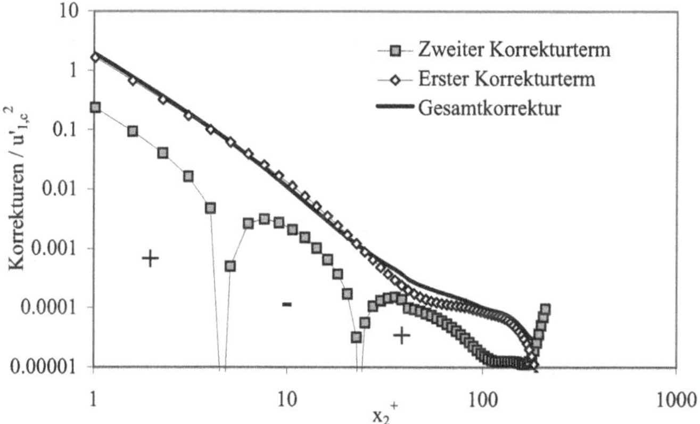

Abbildung 3.4: Beiträge der beiden Korrekturterme in Gleichung (3.11), angewendet auf die DNS-Daten von Gilbert und Kleiser (1991).

verkleinert, da dort der Verlauf der turbulenten Intensität rechtsgekrümmt ist (in Abbildung 3.4 angedeutet durch ein „-“).

In Abbildung 3.5 ist der Einfluss der endlichen Größe des Messvolumens auf die Momente dritter und vierter Ordnung berechnet. Da sowohl die Zähler als auch die Nenner von

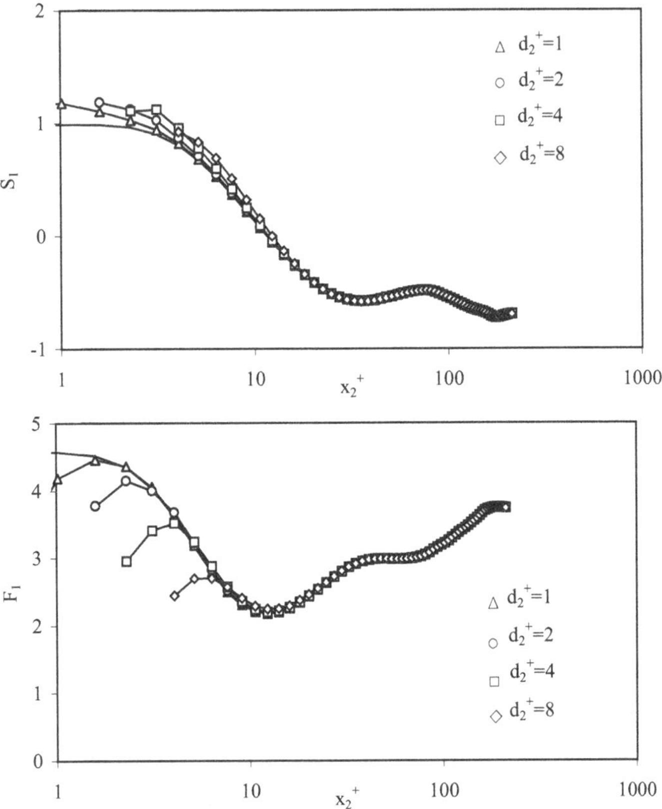

Abbildung 3.5: Einfluss der Messvolumenkorrekturen auf Skewness und Flatness nach den Gleichungen (3.12) und (3.13), angewendet auf die DNS-Daten von Gilbert und Kleiser (1991).

Skewness und Flatness durch die Korrekturen vergrößert werden, ist der sich ergebende Einfluss auf S_1 bzw. F_1 vergleichsweise gering. Aus Abbildung 3.5 (oben) zeigt sich, dass mit ansteigendem LDA-Messvolumen nur ein leichter Anstieg des gemessenen Skewness-Faktors in der viskosen Unterschicht zu erwarten ist. Die Daten von Abbildung 3.5 (unten) deuten an, dass die Korrekturen für die Messung des Flatness-Faktors sogar nahezu vernachlässigbar sind, wenn der Abstand von der Wand größer ist als die Messvolumengröße.

Die ausgeführte Analyse zeigt, dass insbesondere die Messung der turbulenten Schwankungen in Wandnähe durch die Effekte der räumlichen Integration der LDA-Signale über das Messvolumen beeinflusst wird.

3.2 Bestimmung der effektiven Messvolumengröße

Die Kenntnis der jeweiligen Messvolumenausdehnung ist Voraussetzung für die genaue Kompensation von Messvolumeneffekten.

Wie bereits im vorhergehenden Abschnitt herausgestellt, geht der Durchmesser des Messvolumens d_2 gewissermaßen als Gewichtungsfaktor in die abgeleiteten Korrekturen ein. Die in der Literatur vorgeschlagenen Verfahren zur Korrektur der Laser-Doppler-Messungen in Strömungen großer Geschwindigkeitsgradienten leiten gewöhnlich den Durchmesser des Messvolumens von der Gauß'schen Intensitätsverteilung des Laserlichtes ab. Es wird die Abmessung ermittelt, bei welcher die Intensität auf $\frac{1}{e^2}$ des Maximalwertes abgefallen ist. Dieses Verfahren vernachlässigt jedoch die Tatsache, dass die Detektion eines Ereignisses neben den Parametern des optischen Systems auch von den Eigenschaften des Teilchens und der Auswerteelektronik abhängt. Hier sind insbesondere die Größe des Teilchens, die elektronische Signalverstärkung und das Detektionsniveau in der Signal-Auswerteelektronik anzuführen. Dieser Sachverhalt ist in Abbildung 3.6 für zwei verschiedene Signal-Verstärkungsfaktoren veranschaulicht. Außerdem kann die vorgegebene Mindestanzahl von Signalperioden in Verbindung mit der eingestellten Shift-Frequenz die „effektive“ Messvolumengröße beeinflussen.

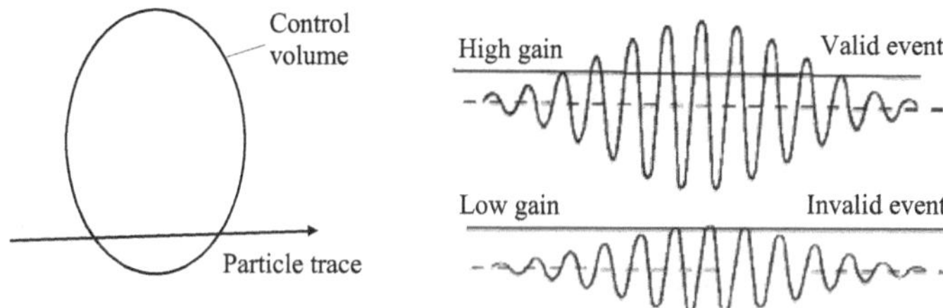

Abbildung 3.6: Veranschaulichung des Einflusses des Verstärkungsfaktors der Auswerteelektronik.

Eine Möglichkeit für eine objektivierte Bestimmung dieser effektiven Messvolumenausdehnung ist durch Vorabmessungen in einer laminaren Strömung gegeben. Da in laminaren Strömungen per Definition keine turbulenten Fluktuationen vorliegen, sind die gemessenen Schwankungswerte im Wesentlichen durch die Gradienten der mittleren Geschwindigkeit und durch den Messvolumendurchmesser bestimmt. Gleichung (3.11) vereinfacht sich zu:

$$u'^2_{1,c_v} \approx u'^2_{1,\text{noise, optics}} + \frac{d_2^2}{16}\left(\frac{\partial \overline{U}_1}{\partial x_2}\right)^2_c . \tag{3.17}$$

Zusätzlich zu den in Gleichung 3.17 gegebenen Termen ist lediglich der kleine Schwan-

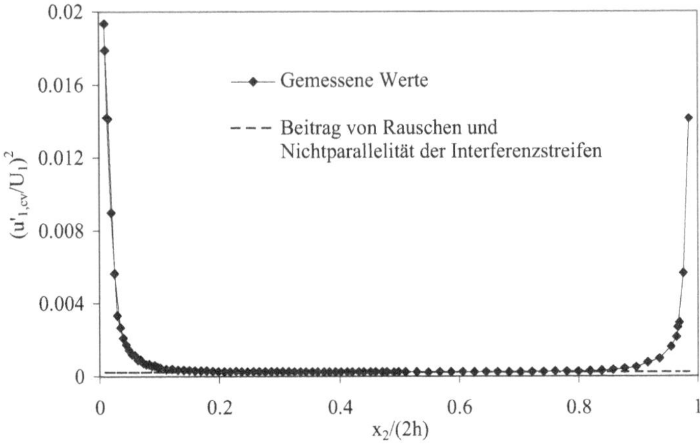

Abbildung 3.7: Gemessene Schwankungsgrößen zeigen den Einfluss des Gradienten des mittleren Strömungsfeldes.

kungsbeitrag $u'^2_{noise,optics}$ zu berücksichtigen, der vom elektronischen Rauschen der Auswerteelektronik sowie von der nicht exakt parallelen Orientierung der Interferenzstreifen im Messvolumen herrührt. Für die Bestimmung des Beitrages $u'^2_{noise,optics}$ wird angenommen, dass er sich untergliedert in einen Anteil, der proportional zur mittleren Geschwindigkeit ist (das ist für den Beitrag zu erwarten, der von der Nichtparallelität der Interferenzstreifen herrührt), und in einen Anteil, der unabhängig von der mittleren Geschwindigkeit konstant ist:

$$u'^2_{1,\text{noise, optics}} \approx a + b\overline{U}_1^2 \tag{3.18}$$

Die Konstanten a und b in Gleichung (3.17) können durch eine Bestimmung der Schwankungsgrößen bei verschiedenen Reynoldszahlen in einem Bereich der Strömung bestimmt werden, in dem der Gradient der mittleren Geschwindigkeit verschwindet (Bei einer Kanalströmung ist dies die Kanalmitte). Die gemessenen Schwankungen sind in Abbildung 3.7 für die Reynoldszahl $Re_m = 400$ aufgetragen. Die Schwankungswerte erreichen in der Nähe der Wand bis zu 14% der mittleren Geschwindigkeit.

Für die Bestimmung der effektiven Messvolumengröße ist es vorteilhaft, Gleichung (3.17) so umzuformen, dass die effektive Messvolumengröße ein Skalierungsfaktor zwischen der rechte Seite und der linken Seite ist:

$$\underbrace{\sqrt{\frac{u'^2_{1,c_v}}{\overline{U}_1^2} - \frac{u'^2_{\text{noise, optics}}}{\overline{U}_1^2}}}_{\text{effektiver Turbulenzgrad}} = d_2 \quad \underbrace{\frac{1}{4\overline{U}_1}\left(\frac{\partial \overline{U}_1}{\partial x_2}\right)_c}_{\text{relativer mittlerer Geschwindigkeitsgradient}} \quad . \tag{3.19}$$

Es wird damit möglich, d_2 in einer laminaren Strömung aus der Steigung der Geraden zu erhalten, die sich bei einer Auftragung des „effektiven Turbulenzgrades" gegen den „re-

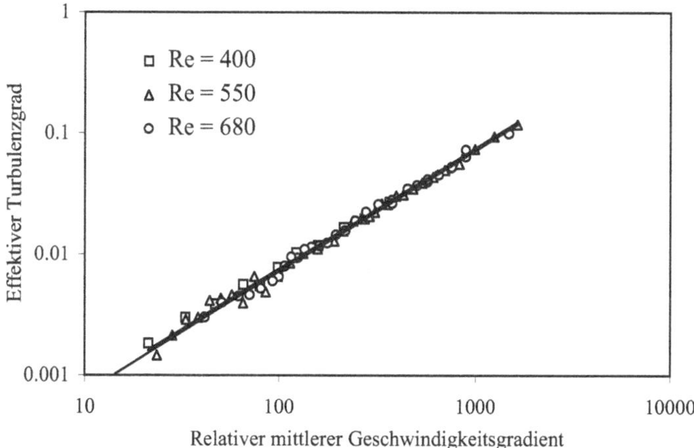

Abbildung 3.8: Zur Bestimmung des effektiven Messvolumens nach Gl. 3.19.

lativen mittleren Geschwindigkeitsgradienten" ergibt. Diese Auftragung ist in Abbildung 3.8 für drei verschiedene Reynoldszahlen gezeigt. Das Aufeinanderliegen der Daten ist ein Indikator für den hohen Grad an Zuverlässigkeit der angewendeten Methode (Durst *et al.* 1998*a*).

3.3 Anforderungen an das LDA-Messvolumen

Die Größe des LDA-Messvolumens unterliegt Einschränkungen, die von statistischen und geometrischen Rahmenbedingungen herrühren.

Häufig müssen vor der Durchführung von Strömungsuntersuchungen Entscheidungen über die Auslegung der Strömungsapparatur und der LDA-Optik getroffen werden. Die räumlichen Abmessungen von Versuchsanlagen werden durch die Kosten für den Aufbau und den Betrieb der Anlage begrenzt. Oftmals vernachlässigt werden hingegen Einschränkungen, die durch die Anforderung an die Fehlergenauigkeit der zu messenden Größen entstehen (Fischer *et al.* 1998 *b*).

Vorgegeben ist im Allgemeinen eine bestimmte Strömungsgeometrie und ein interessierender Reynoldszahlbereich. Um die weiteren Darstellungen anschaulich zu gestalten und um die experimentellen Untersuchungen der folgenden Kapitel vorzubereiten, soll hier das Beispiel einer Kanal- oder Grenzschichtströmung im Reynoldszahlbereich zwischen 2300 und 30000 gewählt werden. Ziel der experimentellen Untersuchungen ist die Bestimmung der wichtigsten statistischen Größen im Rahmen einer vorgegebenen Fehlertoleranz. Der relative mittlere Fehler ϵ der wichtigsten statistischen Momente lässt sich durch folgende Beziehungen abschätzen, wobei mit N die Anzahl der statistisch unabhängigen Messungen bezeichnet ist [4]:

- Statistisches Moment erster Ordnung (Mittlere Geschwindigkeit $\overline{U}_i$):

$$\epsilon^2(\overline{U}_i) = 2\frac{T_{int}}{T}\left(\frac{u_i'}{\overline{U}_i}\right)^2 = \frac{1}{N}\left(\frac{u_i'}{\overline{U}_i}\right)^2 \quad (3.20)$$

- Statistisches Moment zweiter Ordnung (Schwankungsintensität $u_i'^2$):

$$\epsilon^2(u_i'^2) = 4\frac{T_{int}}{T} = \frac{2}{N} \quad (3.21)$$

- Statistisches Moment vierter Ordnung (Flatness F_i):

$$\epsilon^2(F_i) = \frac{64}{3}\frac{T_{int}}{T} = \frac{32}{3N} \quad (3.22)$$

Die Gleichungen 3.20 bis 3.22 zeigen, dass in turbulenten Strömungen die maximal erreichbare Genauigkeit der statistischen Momente eine Funktion von Turbulenzgrad und Anzahl unabhängiger Ereignisse ist. Die experimentelle Bestimmung von Turbulenzgrößen setzt nicht nur eine genügend große Anzahl gemessener Daten voraus, sondern auch, dass die einzelnen Daten repräsentativ sind. Die statistische Unabhängigkeit der Messdaten ist nur gewährleistet, wenn der zeitliche Abstand zwischen den Messdaten größer als das Zweifache des integralen Zeitmaßes T_{int} ist.

Gibt man nun eine gewünschte Genauigkeit für eines der statistischen Momente vor, lässt sich mit den Gleichungen (3.20) bis (3.22) die Mindestanzahl statistisch unabhängiger Messungen pro Messposition $N(\epsilon)$ errechnen. Die Annahme, dass das integrale Zeitmaß T_{int} durch die Abmessung der Strömung h und die über die Strömung gemittelte Geschwindigkeit genähert werden kann, ($T_{int} \approx h/U$) führt zu folgender Abschätzung für die Mindestmessdauer pro Messposition:

$$T > 2\frac{N(\epsilon)}{Re}\frac{h^2}{\nu} \quad (3.23)$$

Für die gesamte Messaufgabe steht in aller Regel nur eine bestimmte Gesamtmesszeit T_{ges} zur Verfügung. In dieser Zeit soll die Messung an allen anzufahrenden Messpositionen N_{pos} möglich sein. N_{pos} ist dann durch das Produkt aus der Anzahl der zu messenden Profile und der Anzahl der Messpositionen pro Strömungsprofil gegeben. Für die Abmessung der Strömung ergibt sich folgende Ungleichung:

$$h < \sqrt{\frac{\nu}{2}\frac{T_{ges}Re}{N_{pos}N(\epsilon)}} \quad (3.24)$$

Exemplarisch soll nun die charakteristische Abmessung der Strömung h für typische Vorgaben errechnet werden. Die geforderte Genauigkeit für die Bestimmung des RMS-Wertes

[4] Die Beziehungen gelten exakt für normalverteilte Wahrscheinlichkeitsdichten. Das statistische Moment dritter Ordnung ist hierfür Null.

betrage $\epsilon^2(u') = 0.5\%$, woraus eine Mindestanzahl unabhängiger Ereignisse $N(\epsilon) = 40000$ folgt. Die Reynoldszahl betrage mindestens $Re = 2300$. Gibt man nun für die Gesamtmesszeit einen Zeitraum von 50 Tagen zu je 10 Stunden vor ($T_{ges} = 1800000s$) und nimmt an, dass in dieser Zeit 30 Profile zu je 50 Punkten untersucht werden sollen ($N_{pos} = 1500$), folgen obere Grenzen für die Abmessung der Strömung bei der Verwendung der folgenden Strömungsfluide:

Medium	Wasser	Öl	Luft
h	5.5mm	1.1cm	2.1cm

Bei diesen Werten ist zu beachten, dass die Vorgaben bis zu einem gewissen Grad willkürlich sind. Es zeigt sich allerdings, dass die zu wählenden Strömungsabmessungen nur um etwa einen Faktor 100 größer sind als typische LDA-Messvolumen.

Im Folgenden werden nun die verschiedenen Kriterien (A bis D) aufgezeigt, die über die zulässige Größe des Messvolumens entscheiden. Einige der Limitationen betreffen die Ausdehnung des Messvolumens in Hauptströmungsrichtung d_1, einige die in Normalenrichtung d_2.

A) Anforderungen an die Datenrate $\dot{N}$

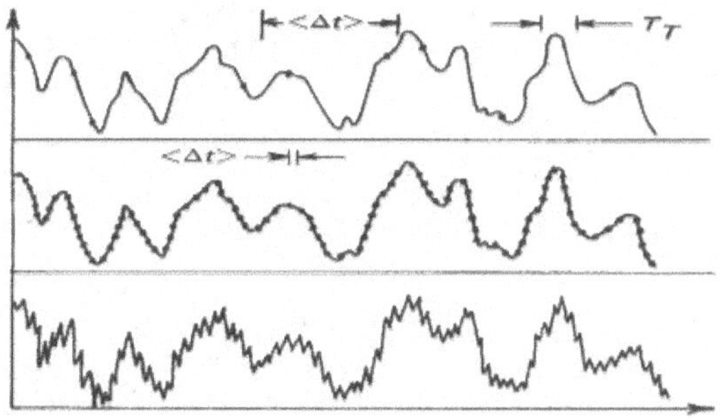

Abbildung 3.9: Veranschaulichung einer Geschwindigkeitsmessung mit einem Laser-Doppler-Anemometer bei zu kleiner Datendichte (oben), großer Datendichte und zugleich kleiner Burst-Dichte (mitte) und zu großer Burst-Dichte (unten).

- Die Datendichte muss groß sein.
  Gewichtungsfreie Messungen sind nur garantiert, wenn die Datenrate $\dot{N}$ so groß ist, dass alle wesentlichen Änderungen der Geschwindigkeit erfasst werden können. In Abbildung 3.9 ist oben ein Fall skizziert, in dem die Datenrate zu klein ist, während bei dem in der Mitte gezeigten Fall der tatsächliche Geschwindigkeitsverlauf sehr gut

rekonstruiert werden kann. Winter *et al.* (1991) konnten zeigen, dass mindestens fünf gemessene Ereignisse pro integralem Zeitmaß erforderlich sind, um eine statistisch zuverlässige Messung zu gewährleisten:

$$\dot{N} > 5\frac{U_1}{T_{int}} \tag{3.25}$$

Bei deutlich kleineren Datenraten ist es nicht möglich, eine Gewichtung zugunsten der Ereignisse höherer Geschwindigkeit zu verhindern.

- Die Burst-Dichte muss niedrig sein.
  Die Anzahl der Bursts pro Zeit kann durch Zugabe von Streuteilchen eingestellt werden. Jedoch sind Mehrteilchenereignisse, die Phasenmehrdeutigkeiten und eine reduzierte Steulichtintensität mit sich bringen, zu vermeiden. Der Sachverhalt, der sich bei viel zu großer Burst-Dichte ergibt, ist in Abbildung 3.10 und in Abbildung 3.9 (unten) dargestellt. Die gemessenen Werte streuen um den tatsächlichen Geschwindigkeitsverlauf. Mehrteilchenereignisse lassen sich nie ganz vermeiden, ihr

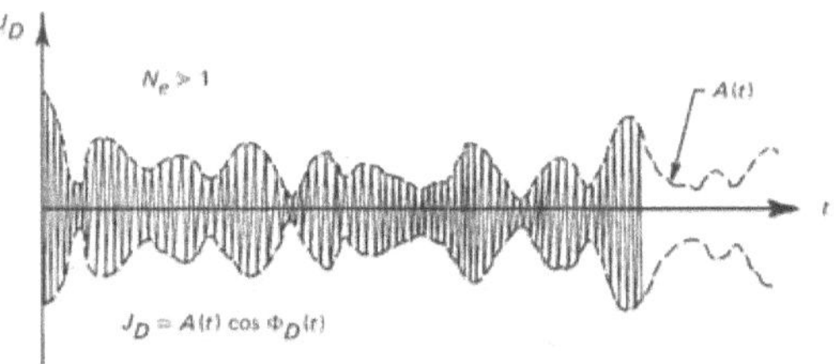

Abbildung 3.10: Summe vieler LDA-Bursts, die bei zu hoher Teilchendichte überlappen.

  Einfluss auf die Messgrößen sollte jedoch vernachlässigbar sein. Mit der Forderung, dass sich höchstens in einem Prozent der Fälle mehr als ein Teilchen im Messvolumen befindet, ergibt sich die folgende Beschränkung für die Datenrate:

$$\dot{N} \leq \sqrt{0.01}\frac{U}{d_1} \tag{3.26}$$

Selbst wenn man die Menge zugegebener Streuteilchen optimiert, ist die gleichzeitige Erfüllung der beiden Kriterien (3.25) und (3.26) nur möglich, wenn das Messvolumen nicht zu groß ist:

$$d_1 < \frac{T_{int}}{50} \approx \frac{h}{50} \tag{3.27}$$

B) Kein Verlust hochfrequenter Schwankungsinformation

In Abschnitt 2.3 wurde die Kolmogorov'sche Mikrolängeneinheit als Maß für die Größe der kleinsten Turbulenzelemente beschrieben. Befindet sich ein Streuteilchen so lange im

Messvolumen, dass es durch die Bewegung innerhalb eines Turbulenzwirbels eine Beschleunigung erfährt, muss damit gerechnet werden, dass ein Teil der hochfrequenten Schwankungsbewegung durch die Mittelung über die Teilchenbahn im Messvolumen herausgefiltert wird. Der zu erwartende Effekt ist vergleichbar mit dem Problem der Mittelung über die Länge eines Hitzdrahtes. Eine sehr konservative Abschätzung für die Länge l_{HW} eines Hitzdrahtes ohne einen merklichen Verlust an Schwankungsintensität ist durch die folgende Beziehung gegeben:

$$l_{HW} \leq 2\eta. \tag{3.28}$$

Im Gegensatz hierzu ist jedoch bei einer LDA-Messung zu beachten, dass nicht die Geschwindigkeitsdifferenz zwischen zwei Orten im Messvolumen zu einem bestimmten Zeitpunkt, sondern die Geschwindigkeitsdifferenz zwischen zwei Orten *und* zwei Zeiten zu betrachten ist. Dies ist in Abbildung 3.11 veranschaulicht. Für die maximale Geschwindig-

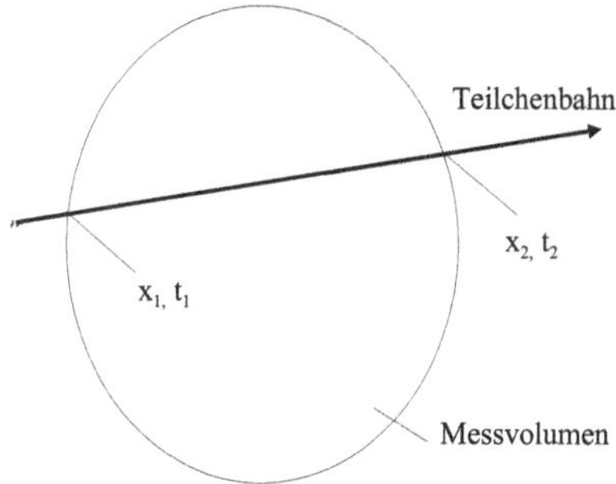

Abbildung 3.11: Skizze des Durchgangs eines Teilchens durch das LDA-Messvolumen.

keitsdifferenz eines Teilchens beim Durchgang durch das Messvolumen ergibt sich somit:

$$\Delta U_i = U_i(x_2, t_2) - U_i(x_1, t_1). \tag{3.29}$$

Die Umformung von Gleichung (3.29) mit Hilfe der Taylor-Reihenentwicklung liefert:

$$\begin{aligned} \Delta U_i &\approx U_i(x_c, t_c) + \frac{\Delta x_j}{2}\left(\frac{\partial U_i}{\partial x_j}\right)_c + \frac{\Delta t}{2}\left(\frac{\partial U_i}{\partial t}\right)_c - \left[u(x_c, t_c) - \frac{\Delta x_j}{2}\left(\frac{\partial U_i}{\partial x_j}\right)_c - \frac{\Delta t}{2}\left(\frac{\partial U_i}{\partial t}\right)_c\right] \\ &= \Delta x_j \left(\frac{\partial U_i}{\partial x_j}\right)_c + \Delta t \left(\frac{\partial U_i}{\partial t}\right)_c \end{aligned} \tag{3.30}$$

Für Strömungsfelder kleiner Turbulenzintensität ($\frac{u_1'}{U_1} \approx 0$) ist in sehr guter Näherung die Taylor'sche Hypothese (Taylor, 1938), die ein „gefrorenes“ Turbulenzfeld annimmt, erfüllt:

$$\frac{\partial U_i}{\partial t} = -U_j \frac{\partial U_i}{\partial x_j}. \tag{3.31}$$

Damit ergibt sich aus Gleichung (3.30):

$$\Delta U_i \approx 0 \tag{3.32}$$

Die Geschwindigkeit des Teilchens ändert sich somit im Rahmen dieser Annahme während der Durchquerung des Messvolumens nicht; das Messvolumen könnte also beliebig groß sein. Allerdings sind im intermittenten Bereich eines Nachlaufes oder in Wandnähe, wo die Schwankungsintensitäten relativ groß werden, deutliche Abweichungen von der Taylor'schen Hypothese zu erwarten. Man kann nun den Versuch unternehmen, die beiden Grenzfälle $u'_1 << U_1$, für den Gleichung 3.32 gilt und $u'_1 >> U_1$, für den Gleichung 3.28 gilt, durch eine einzige Beziehung miteinander zu verbinden. Dies kann formal durch die folgende Gleichung geleistet werden:

$$d_1 \leq 2\frac{U_1}{u'_1}\eta \tag{3.33}$$

C) Messvolumenkorrekturen

Wenngleich die in Abschnitt 3.1 abgeleiteten Gleichungen eine rechnerische Kompensation des Einflusses der endlichen Messvolumengröße ermöglichen, sind diese Korrekturen doch immer mit kleineren Unwägbarkeiten behaftet. Daher sollten die Korrekturbeiträge nicht größer sein als die zu bestimmenden Schwankungsgrößen. ($\overline{u'^{+2}_{c_v} < 2u^{+2}(\underline{x}_c)}$). Hieraus folgt für die Abmessung des Messvolumens:

$$d_2 < 16\frac{u'^{+}}{\partial\overline{U^{+}}/\partial y^{+}}\frac{\nu}{u_\tau} \tag{3.34}$$

D) Messvolumen außerhalb der Wand

Die Grenzwerte der turbulenten Eigenschaften sind nur dann mit hoher Genauigkeit an die Wand extrapolierbar, wenn bis in die viskose Unterschicht hinein gemessen werden kann. Es ist sicherzustellen, dass das Messvolumen für den jeweiligen Messort nicht in die Wand eintaucht (siehe auch Abbildung 3.12). Hieraus folgt die Bedingung:

$$d_2 < 2y^{+}\frac{\nu}{u_\tau} \tag{3.35}$$

Nach diesen Darstellungen soll nun nochmals der Unterschied zwischen den Restriktionen für eine Hitzdrahtsonde und ein LDA-Messvolumen erläutert werden, da diese Frage in der Fachliteratur schon häufig für Verwirrung gesorgt hat. Bei einem Hitzdraht limitiert dessen Länge die erreichbare Genauigkeit der gemessenen turbulenten Schwankungen. Ist die Länge wesentlich größer als das Kolmogorov'sche Längenmaß, werden hochfrequente turbulente Schwankungen durch die Integration über den gesamten Hitzdraht herausgedämpft. Bei der Laser-Doppler-Anemometrie hingegen hat die Länge des Messvolumens für die Messgenauigkeit keine Bedeutung, wenn das Messvolumen so orientiert ist, dass entlang der großen Achse keine Gradienten der Mittelwerte vorliegen. Das Messvolumen kann dann beliebig lang sein, da die Messwerte immer durch die Geschwindigkeit

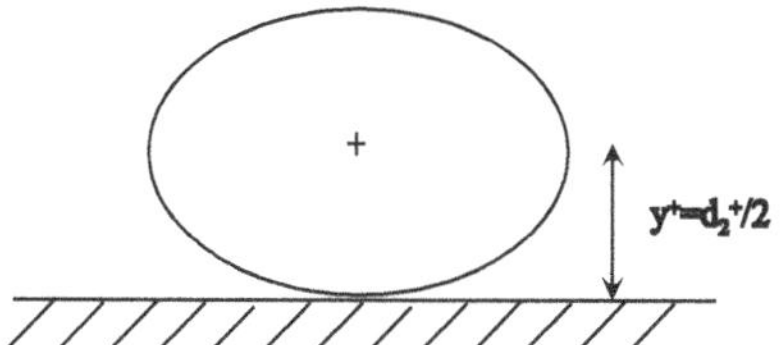

Abbildung 3.12: Wandnächste Position des Messvolumens, welches sich ganz außerhalb der Wand befindet.

eines Teilchens während der Durchquerung des Messvolumens bestimmt werden. Änderungen der Messwerte durch die räumliche Integration über die Teilchentrajektorie (in x_1-Richtung) sind im Allgemeinen vernachlässigbar, da sich das Teilchen während des Übertragens von Geschwindigkeitsinformation mit dem Fluid mitbewegt. Ausschlaggebend für eine Beeinflussung der Messwerte ist ausschließlich die Ausdehnung entlang der mittleren Gradienten, d.h. die Breite des Messvolumens d_2. Die Aufsummierung über viele solcher quasi-lokalen Ereignisse führt zu erhöhten gemessenen Schwankungswerten. Diese zusätzlichen Schwankungen können jedoch bei genauer Kenntnis von Messvolumenform und Ausdehnung errechnet werden. Eine Subtraktion dieser errechneten Korrekturen liefert schließlich die Werte im Zentrum des Messvolumens.

Da nun unter A) bis D) verschiedene Anforderungen herausgearbeitet sind, die die Wahl des LDA-Messvolumens einschränken können, ist es interessant, in Abhängigkeit von der Reynoldszahl und vom Wandabstand herauszufinden, welche die strengsten Kriterien sind.

Um eine Vergleichbarkeit zu ermöglichen und um von der normierten in die dimensionsbehaftete Darstellung der Messvolumengröße zu wechseln, werden die in den Kriterien auftauchenden Größen folgendermaßen genähert:

- $u_\tau = \sqrt{c_{f,c}/2}U_{1,c} = 0.167 Re_c^{7/8}$
- $Re_\tau = \frac{1}{2}\frac{u_\tau}{U_{1,c}} Re_c^{7/8} = 0.084 Re_c^{7/8}$
- Der Turbulenzgrad lässt sich in Wandnähe approximieren durch $\frac{u_1'^+}{\partial U_1^+/\partial x_2^+} \approx x_2^+(0.4 - 84 Re_c^{-7/8})$ (siehe Kapitel 4)
- Für das Kolmogorov'sche Mikrolängenmaß gilt mit Gleichung (2.9): $\eta \approx h\left(\frac{\nu}{u_1' L_{int}}\right)^{3/4} = h\left(\frac{u_{1,c}'}{U_{1,c}} Re_c\right)^{-3/4} \approx h(0.07)^{-3/4} = 3.67 H Re_c^{-21/32}$

Da die Abmessungen des LDA-Messvolumens in Hauptströmungsrichtung und Normalenrichtung nahezu übereinstimmen, ist eine gemeinsame Auftragung von d_1 und d_2 sinnvoll. In Abbildung 3.13 (oben) sind die Kriterien für die Messvolumengröße gezeigt. Die Werte wurden anhand eines numerischen Datensatzes von Gilbert und Kleiser (1991) für eine

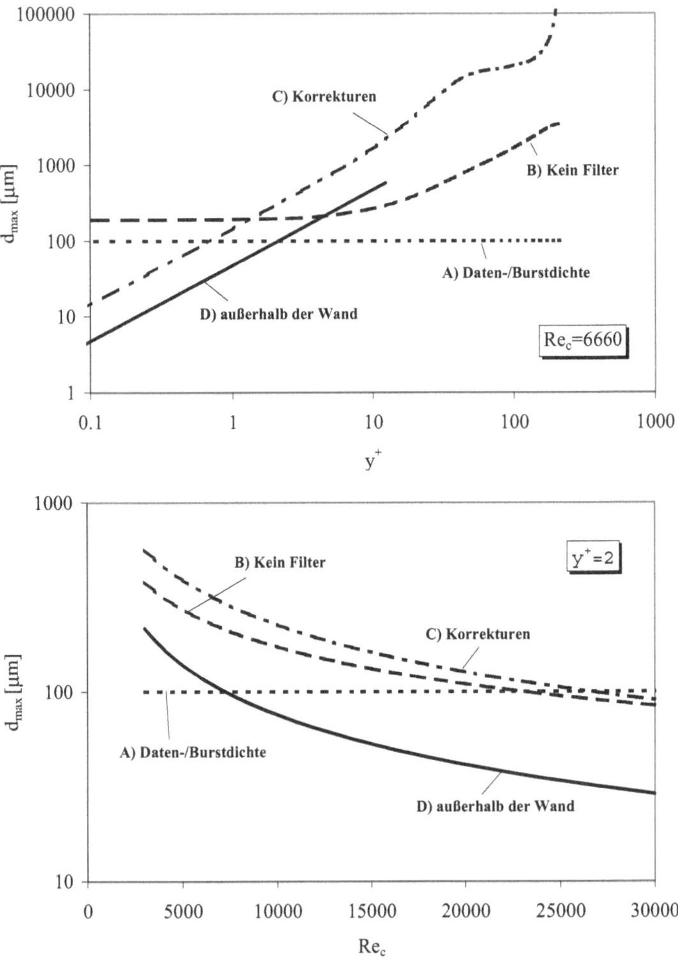

Abbildung 3.13: Messvolumenbeschränkungen im Vergleich als Funktion des Wandabstandes bzw. der Reynoldszahl.

Wasserströmung der Reynoldszahl $Re_c = 6660$ in einem Kanal von 1cm Höhe als Funktion des Wandabstandes berechnet[5]. Es sind die maximal zulässigen Messvolumenwerte

[5]Diese Betrachtung ist zugleich eine Vorarbeit für die Auslegung der LDA-Messvolumina bei den

$d_{i,max}$ angegeben. Im wandnächsten Bereich weisen die Kriterien A) und B) nahezu konstante Werte für $d_{i,max}$ auf, die berechneten $d_{i,max}$ aus C) und D) steigen hingegen linear an. Deshalb ist zwischen $x_2^+ = 0$ und $x_2^+ \approx 2$ D) das schärfste Kriterium, bei größeren Wandabständen limitiert A) die Messvolumengröße am strengsten. Steht man nun vor der Aufgabe, ein geeignetes Messvolumen zu wählen, so muss man einen zu erreichenden kleinsten Wandabstand vorgeben. Soll der wandnächste Punkt z.B. $x_2^+ = 2$ sein, so ist die Abmessung des größten zulässigen Messvolumens im hier beschriebenen Fall $88\mu m$.

Die Ergebnisse für die Reynoldszahlabhängigkeiten sind für die wandnahe Position $x_2^+ = 5$ in Abb. 3.13 (unten) dargestellt. Es ergeben sich die folgenden Abhängigkeiten von der Reynoldszahl:

- A) $d_{1,max}$ ist konstant
- B) $d_{1,max} \propto (0.4 - 84Re_c^{-7/8})^{-1} Re_c^{-21/32}$
- C) $d_{2,max} \propto (Re_c^{7/8} - 210)$
- D) $d_{2,max} \propto Re_c^{7/8}$.

Es ist zu erkennen, dass bis $Re_c \approx 20000$ Kriterium A) die schärfste Einschränkung liefert, für $Re_c > 20000$ dominiert Kriterium D). Hierbei ist allerdings zu beachten, dass sich der Schnittpunkt der Kurven A) und D) mit kleiner werdendem Wandabstand zu kleineren Reynoldszahlen verschiebt.

Untersuchungen in Kapitel 4.

Kapitel 4

Turbulente zweidimensionale Kanalströmung

Wenn man an solch einem Problem arbeitet, kommt man sich ganz dumm vor.
Erst nachdem man einige Zeit nichts getan hat, glaubt man wieder an den eigenen Verstand.
Zitiert in Seelig, Helle Zeit - Dunkle Zeit, S. 72-73
Albert Einstein (1879 - 1955)

Ein Schwerpunkt dieser Arbeit ist die Untersuchung der statistischen Eigenschaften im wandnahen Bereich vollentwickelter turbulenter Strömungen. Diese sollen die Grundlage für eine verbesserte Modellierung turbulenter Strömungen in Gebieten großer Anisotropie und Inhomogenität sein. Die Durchführung von Messungen hoher Qualität setzt einen experimentellen Aufbau voraus, der statistischen Anforderungen genügt. Neben der zeitlichen Konstanz ist auch die räumliche Vollentwicklung der Strömung eine wichtige Bedingung für die Allgemeingültigkeit der gemessenen Daten. Ziel eines Vergleiches von experimentellen Daten mit Ergebnissen aus Direkter Numerischer Simulation ist zunächst eine Validierung der numerischen Daten. Können diese als zuverlässig betrachtet werden, kann die weitergehende Analyse der DNS-Daten einen tieferen Einblick in die Mechanismen wandnaher Turbulenz liefern.

4.1 Experimenteller Aufbau

In Abbildung 4.1 sind die wichtigsten Bestandteile des experimentellen Aufbaus skizziert. Für die Auslegung des Strömungskanals und der LDA-Optik wurden die Anforderungen aus Abschnitt 3.3 zugrundegelegt. Die Höhe des Kanals wurde daher zu $H = 2h \approx 10^{-2}m$ gewählt. Bei der technischen Umsetzung des Strömungssystems wurde besonderer Wert auf die Sicherstellung wohldefinierter Strömungsbedingungen gelegt. Neben turbulenten waren auch laminare und transitionale Strömungen zu untersuchen. Daher musste der Turbulenzgrad am Einlass in den Strömungskanal soweit wie möglich unterdrückt werden und eine zeitlich konstante Durchflussrate gewährleistet sein.

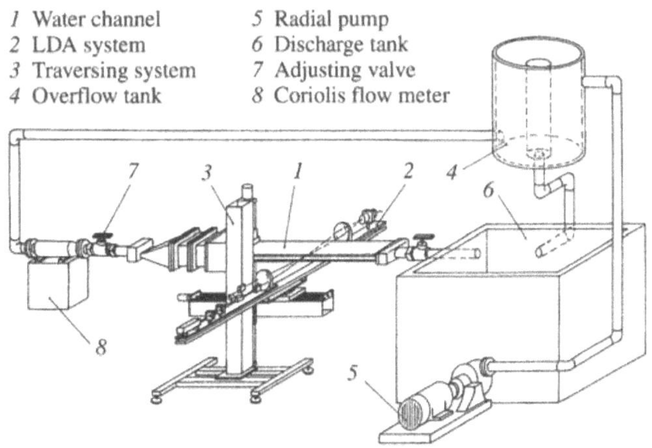

Abbildung 4.1: Kanalmessstrecke und LDA–System.

Das Strömungsfluid Wasser wird mit Hilfe einer Drehpumpe von einem Reservoir, welches etwa $4000l$ fasst, auf eine Höhe von $6m$ in einen Überlaufbehälter gefördert. Die Strömung wird durch die hydrostatische Druckdifferenz zwischen dem oberen Rand dieses Überlaufbehälters und dem Rücklauf in das Reservoir angetrieben. Eine Übertragung von durch die Pumpe erzeugten Druckschwankungen auf die Kanalströmung kann somit verhindert werden. Die gewünschte Durchflussrate kann über die Stellung eines Drosselventils angepasst werden. Der Massenstrom wird durch ein Coriolis-Durchflussmessgerät bestimmt. Vor dem Einlaß in den Kanal wird die Strömung durch einen $80mm$ langen Strömungsgleichrichter (*honey comb*) geleitet, dessen wabenförmige Zellen einen Durchmesser von $6mm$ haben. Hierdurch werden die Schwankungsanteile senkrecht zur Hauptströmungsrichtung unterdrückt. Stromab des Strömungsgleichrichters sind Gitter mit einer Maschenweite von 1mm eingebracht, um den Turbulenzgrad der Strömung weiter zu verringern. Anschließend wird die Strömung durch eine $0.15 \times 0.18m$ große Kontraktionskammer geleitet. Dabei wird der Strömungsquerschnitt auf die Abmessungen des Kanals von $0.0102 \times 0.18m$ vermindert. Die Länge des Kanals beträgt $1m$. Der optische Zugang zur Strömung ist durch zwei Plexiglas–Seitenwände gewährleistet. Die Höhe von $10.2mm$ wird über die gesamte Kanallänge durch Präzisionsmetallstücke zwischen den Basisplatten konstant gehalten.

Um den systematischen Ausschluss von Messvolumeneffekten zu ermöglichen, wurden zwei LDA-Syteme verschiedener Messvolumengröße eingerichtet. Die Messungen im Reynoldszahlbereich bis $Re_c \approx 13000$ wurden mit Hilfe eines TSI 9100-6-Systems durchgeführt. Das System wurde mit einem $10mW$-He-Ne-Laser (Strahldurchmesser $1.1mm$) betrieben. Zum Zwecke der Strahlaufweitung und der damit verbundenen Verkleinerung des Messvolumens wurde ein Kollimator (Strahlaufweitungsfaktor: 2.5) verwendet. Die Brennweite der Sendelinse betrug $160mm$, so daß sich ein Meßvolumen von etwa $80\mu m$ Durchmesser

Laser	Beam exp. factor	Re_c	d_2	d_2^+	$x_{2,min}^+$
He-Ne (15 mW)	2.5	3500	$80\mu m$	1.7	0.85
He-Ne (15 mW)	2.5	10000	$80\mu m$	4.3	2.15
He-Ne (15 mW)	2.5	21000	$80\mu m$	8.0	4.00
Nd-YAG (100mW)	10	10000	$30\mu m$	1.7	0.85
Nd-YAG (100mW)	10	21000	$30\mu m$	3.3	1.65

Tabelle 4.1: Abmessungen der Messvolumens für die beiden verschiedenen LDA-Systeme bei verschiedenen Reynoldszahlen.

und $520\mu m$ Länge ergab. Für den Reynoldszahlbereich ab $Re_c \approx 10000$ wurde ein zweites LDA-System eingesetzt, welches mit einem Nd-YAG-Laser der Leistung 100mW ausgestattet war. Hier konnte durch durch den Einbau von zwei Strahlaufweitungseinheiten (Vergrößerungsfaktor 10) nach dem Strahlteiler eine Reduktion der Messvolumengröße auf $30\mu m$ erreicht werden. Dieses LDA-System wurde von Peter Volkholz aufgebaut (Fischer *et al.* 1997).

Während das erste LDA-System durch die größeren Abmessungen des Messvolumens eine ausreichend hohe Datenrate auch bei kleineren Reynoldszahlen sicherstellte, ermöglichte das zweite System insbesondere bei den höheren Reynoldszahlen die Untersuchung des unmittelbar wandnahen Bereiches. In Tabelle 4.1 ist aufgelistet, welche Messvolumendurchmesser und minimalen Wandabstände in innerer Skalierung für die beiden optischen Systeme bei verschiedenen Reynoldszahlen zu erwarten sind. Es zeigt sich, dass durch die Kombination der beiden Optiken die experimentelle Bestimmung von Größen in unmittelbarer Wandnähe bis zu den höchsten interessierenden Reynoldszahlen möglich werden. Beide optische Aufbauten waren mit Doppel-Bragg-Zellen-Einheiten ausgerüstet, was eine variable Frequenzverschiebung zwischen den beiden Teilstrahlen je nach Betrag der Geschwindigkeit und des Turbulenzgrades ermöglichte.

Alle optischen Elemente waren auf einer Traversierungseinheit befestigt. Jede Position konnte in allen drei Raumrichtungen mit einer relativen Genauigkeit von etwa $\pm 1\mu$m und mit einer absoluten Genauigkeit von ca. $\pm 10\mu$m angefahren werden. Die Entfernung des Meßvolumens von der Wand wurde mit Hilfe einer digitalen Meßuhr bestimmt.

Die Sende-Optiken wurden gegenüber der Kanalwand um etwa 0.3° geneigt, um zu vermeiden, dass Teile der einfallenden Laserstrahlen bei den kleinsten Wandentfernungen durch die Kanalwand blockiert werden. Ebenso wurde die Empfangsoptik um einen Winkel von etwa 1.1° geneigt, um die Aufnahme von an der Wand reflektiertem Licht zu reduzieren und um die Blockierung des Streulichtes gering zu halten. Außerdem wurde die Wandplatte mit einem matten Lack geschwärzt. Das Streulicht aus dem Messvolumen wurde mit einer Avalanche–Photodiode detektiert, deren lichtempfindliche Schicht von störenden Reflexionen und von Streulicht durch eine Lochblende abgeschirmt wurde. Die Größe der Lochblende (75μm bzw. 30μm) wurde an die jeweiligen Messvolumendurchmesser angepasst.

Das von der Photodiode ausgegebene elektrische Signal wurde verstärkt und bandpassgefiltert. Für die Frequenzbestimmung wurde ein TSI-1990-Counter eingesetzt, der im

„Total Burst Mode" betrieben wurde. Nur Ereignisse mit mindestens 32 Nulldurchgängen pro Burst wurden weiterverarbeitet. Der Ausgang des Counters war mit einem Rechner über eine digitale Interfacekarte (*Dostek 1400A*) verbunden. Die Statistiken der zu bestimmenden Strömungsgrößen wurden durch eine Mittelung erhalten, bei der die zeitliche Integration durch eine Summe über die mit der Differenz der Ankunftszeiten multiplizierten Teilchengeschwindigkeiten ersetzt wurde (Ankunftszeitmittelung). Um ausreichend hohe Datenrate zu gewährleisten, wurden der Strömung Streuteilchen von etwa 4 μm Durchmesser zugegeben. Da außerdem die Dichte des Teilchenmaterials nur etwa 20% über der Dichte von Wasser lag, konnten die Teilchenbewegungen den Strömungsbewegungen sehr gut folgen. Die Datenraten variierten zwischen $20Hz$ und $3000Hz$ je nach örtlicher Strömungsgeschwindigkeit und gehorchten damit in etwa folgender Beziehung:

$$\dot{N} = 1000m^{-1}\overline{U}_1. \tag{4.1}$$

4.2 Strömungsentwicklung

Die Erstellung eines allgemeingültigen experimentellen Datensatzes turbulenter Kanalströmung setzt voraus, dass die Messgrößen nicht durch die Vorgeschichte der Strömung beeinflusst sind, sondern ausschließlich durch Geometrie und Reynoldszahl bestimmt sind.

Nur wenn die Reynoldszahl der einzige Ähnlichkeitsparameter des Strömungssystems ist, ist es möglich, verschiedene experimentelle und numerische Studien miteinander zu vergleichen oder Unterschiede im dynamischen Verhalten der Strömung bei verschiedenen Reynoldszahlen herauszufinden. Während bei numerischen Strömungsuntersuchungen die räumliche Vollentwicklung durch die Auferlegung von periodischen Ein- und Ausstrombedingungen a priori gegeben ist, muss dieser Zustand bei experimentellen Untersuchungen verifiziert werden. Die zeitgemittelten Eigenschaften einer turbulenten Strömung lassen sich vollständig durch ihre statistischen Momente $\overline{M^n}$ beschreiben. Der räumlich vollentwickelte Zustand ist genau dann gegeben, wenn alle statistischen Momente der Strömung ab einer Position $x_{1,v}$ (v steht hier für „vollentwickelt") invariant unter Translation in x_1-Richtung sind:

$$\frac{\partial \overline{M^n}}{\partial x_1} = 0 \ \ \forall \ \ x_1 > x_{1,v}. \tag{4.2}$$

$x_{1,v}$ kann nun durch die Vermessung des Strömungsfeldes entlang der Stromabkoordinate experimentell bestimmt werden.

4.2.1 Strömungsentwicklung mit der Lauflänge

In Abbildung 4.2 sind die in der Mitte des Kanals gemessenen Werte des Turbulenzgrads $u_1'/\overline{U}_1$, der Skewness F_1 und der Flatness S_1 gegenüber der Stromabposition für $Re_m = 10000$ aufgetragen. Der Einfluss der Wände macht sich in Kanalmitte am spätesten und somit am weitesten stromab bemerkbar macht. Die Erfüllung der Ungleichung 4.2 stellt deshalb in der Kanalmitte ein schärferes Kriterium für die Vollentwicklung dar als an jeder anderen x_2-Position. Aus messtechnischer Sicht bietet sich die Kanalmitte zudem

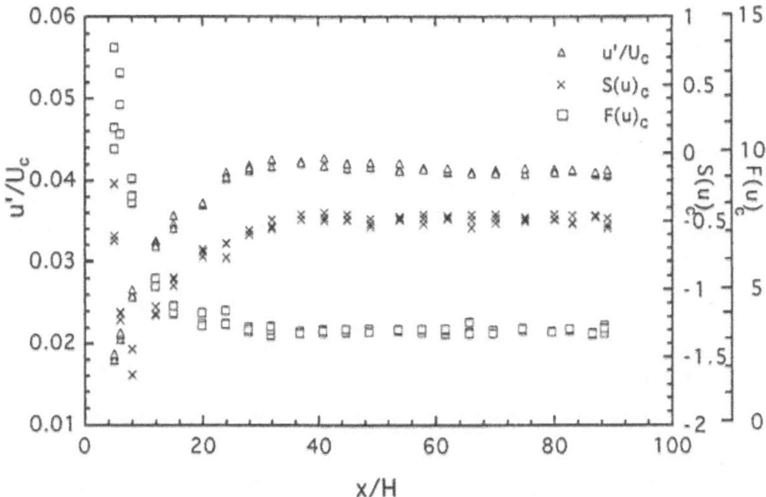

Abbildung 4.2: Verteilung von Turbulenzgrad, Skewness und Flatness entlang der Kanalachse bei Re_m=10000.

an, weil dort aufgrund der Spiegelsymmetrie die Gradienten der statistischen Größen verschwinden ($\partial g'^n / \partial x_2 = 0$). Kleine Fehler in der Positionierung des Messvolumens und Effekte der endlichen Größe des Messvolumens wirken sich daher nur sehr gering auf die gemessenen Werte aus. Die in Abbildung 4.8 gezeigten Messungen wurden für eine Tripping-Höhe von $1mm$, also für einen Versperrungsgrad von 20%, durchgeführt. Mit zunehmender Entfernung vom Einlass steigt der Turbulenzgrad kontinuierlich an, um dann ab $x_1/H = 40$ bei Werten von etwa $u'_{1,c}/U_{1,c} = 0.041$ in die Sättigung zu gehen. Skewness und Flatness zeigen stark überhöhte Werte im Bereich $x/H < 10$, um dann konstante Werte anzunehmen, die mit $S = -0.51$ bzw. $F = 3.5$ nahe an den Werte für isotrope und homogene Turbulenz liegen. Die Ergebnisse zeigen klar, dass die statistischen Größen ab einer Distanz vom Einlass $x/H = 60$ keine sytematischen Veränderungen mehr erfahren. Es liegen somit vollentwickelte Strömungsverhältnisse vor (Durst *et al.* 1998*a*).

4.2.2 Einfluss von Tripping

Insbesondere im Bereich kleiner Reynoldszahlen kann es schwierig sein, den vollentwickelten Zustand innerhalb der begrenzten Abmessungen des experimentellen Aufbaus zu erreichen. Zudem sind sind Kanalströmungen, wie in Abschnitt 2.1.1 beschrieben, unterhalb von $Re \approx 11500$ stabil gegenüber sehr kleinen Schwankungen. Es bedarf daher zusätzlicher Vorkehrungen, um den Strömungsumschlag zu erreichen und die Strömungsentwicklung zu beschleunigen. Dies wurde erstmals von Nikuradse (1932) demonstriert, der bei seinen

Untersuchungen der turbulenten Rohrströmung die Vollentwicklung durch den Einsatz von Rauigkeitselementen am Einlass des Strömungsrohres erreichte.

Der Einsatz kleiner Oberflächenrauigkeiten am Einlass des Strömungskanals ist sehr effizient, da an der Wand die größten Gradienten der mittleren Geschwindigkeit vorliegen. Die am Einlass in die Kanalströmung hineinragenden Tripping-Plättchen bewirken durch die plötzliche Verengung und anschließende Erweiterung des Kanalquerschnitts eine Beschleunigung und anschließende Verzögerung der wandnahen Strömung. Hierdurch wird die Rezeptivität für das Anwachsen kleiner Störungen stark erhöht, was zu einem beschleunigten Strömungsumschlag führt. Die geometrische Konfiguration ist in Abbildung 4.3 skizziert. Der Versperrungsgrad durch die Tripping-Plättchen errechnet sich zu $Trip = 2t_l/H$.

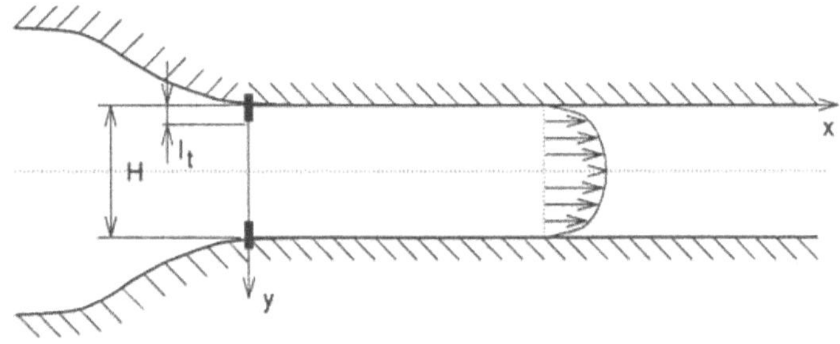

Abbildung 4.3: Geometrie der Strömung am Kanaleinlass.

Ziel der in diesem Abschnitt beschriebenen Untersuchungen ist die Bestimmung des Versperrungsgrads, bei welchem die Strömung am schnellsten vollentwickelt turbulent ist. Mit der Erhöhung des Versperrungsgrades der Tripping-Elemente geht eine Vergrößerung der Störung der Grundströmung einher. Man könnte daher die These vertreten, dass die Entwicklungslänge mit zunehmender Tripping-Höhe immer mehr abnimmt, dass also eine immer größere Strömungsstörung zu einer sich immer schneller entwickelnden Strömung führt. Eine weitere Vergrößerung der Tripping-Höhe kann jedoch die Strömung derart stark stören, dass diese zwar sehr schnell in den turbulenten Zustand umschlägt, danach aber noch eine zusätzliche Lauflänge benötigt, um die überschüssigen Störungen abzubauen. Die schnelle Herbeiführung von Turbulenz ist demnach nicht mit einer effizienten Einstellung von Vollentwicklung identisch.

Für die Untersuchung des Einflusses von Tripping auf turbulente Kanalströmungen wurden im Abstand $x/H = 80$ Messungen der wichtigsten statistischen Größen auf der Kanalmitte durchgeführt (Durst *et al.* 1996). Diese Position, die 20 Kanalhöhen vom Auslass entfernt war, wurde gewählt, da hierdurch eine Beeinflussung durch die Querschnittsverengung am Auslass ausgeschlossen werden konnte. Zunächst wurde die Strömungsentwicklung ohne Tripping mit dem Fall verglichen, bei dem der Strömungsquerschnitt durch Tripping-Plättchen um 10% reduziert wurde. In Abbildung 4.4 sind die gemessenen Turbulenzgrade auf der Kanalmitte als Funktion der Reynoldszahl bis $Re_c \approx 12000$

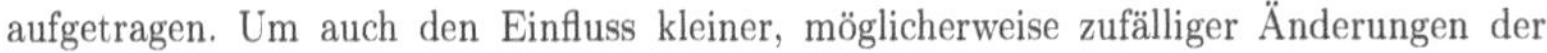

aufgetragen. Um auch den Einfluss kleiner, möglicherweise zufälliger Änderungen der

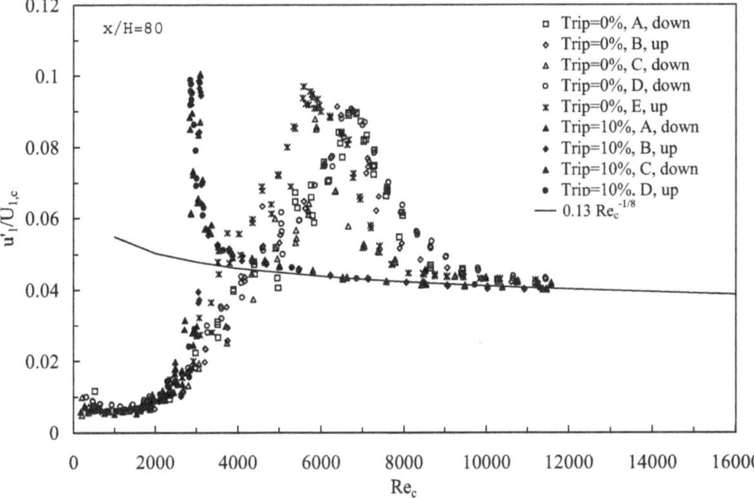

Abbildung 4.4: Turbulenzgrad in Abhängigkeit von der Reynoldszahl ohne bzw. mit Tripping.

Ausgangsströmung zu erfassen (z.B. durch kleine Verschmutzungen im Bereich des Einlasses oder durch die nicht ganz exakte Positionierung der Trippingblenden), wurden die Messreihen mehrfach wiederholt. Außerdem wurden die Messungen alternativ bei schrittweiser Erhöhung bzw. Senkung des Durchflusses aufgenommen („up“ bzw. „down“), um hysteretische Effekte zu detektieren. Eine erste Betrachtung von Abbildung 4.4 zeigt, dass lediglich die Bereiche der kleinen Reynoldszahlen ($Re_c \leq 2000$) sowie der größten untersuchten Reynoldszahlen ($Re_c \geq 10000$) von der Wahl des Tripping unbeeinflusst bleiben. Im ersten Fall liegt in Kanalmitte immer der laminare Strömungszustand vor. Die durch das Tripping am Kanaleinlass erzeugten Störungen werden in diesem Bereich also nicht verstärkt. Die gemessenen Schwankungsgrade von 0.5 bis 1% erklären sich durch das Rauschen, welches durch die Auswerteelektonik verursacht wird, und durch die Verzerrungen des Messvolumens. Bei den großen Reynoldszahlen hingegen wird der vollturbulente Zustand immer erreicht, auch wenn keine besonderen Vorkehrungen am Kanaleinlass getroffen werden.

Das Verhalten der Strömung zwischen diesen beiden Regimes kleiner und großer Reynoldszahlen ist auf den ersten Blick überraschend. Die gemessenen Turbulenzgrade sind deutlich größer als im vollturbulenten Fall und nehmen bei $Re_c = 3000$ (Trip=0) bzw. $Re_c \approx 6000$ Maximalwerte von etwa 10% an. Diese stark überhöhten Schwankungswerte sind jedoch erklärbar, wenn man sich das Umschlagsszenarium für wandgebundene Strömungen in

Erinnerung ruft (Abschnitt 2.1.2). Es kommt zu intermittendem Verhalten, also dem Hin- und Herwechseln zwischen turbulenten und laminaren Abschnitten. Liegt die laminare Kanalströmung mit einem parabelförmigen Geschwindigkeitsprofil vor, ergibt sich die Geschwindigkeit in der Mitte des Kanals zu $\overline{U}_{1,c,lam} = 3/2 * \overline{U}_{1,m}$, wobei $\overline{U}_{1,m}$ die über die Kanalhöhe gemittelte Geschwindigkeit ist[1]. Im turbulenten Zustand hingegen ist das Profil wesentlich fülliger. In Abbildung 4.5 ist das Verhälnis aus der mittleren Geschwindigkeit in der Mitte des Kanals $\overline{U}_{1,c,turb}$ und der über die Kanalhöhe gemittelten mittleren Geschwindigkeit $\overline{U}_{1,m}$ bei verschiedenen Durchflussraten aufgetragen. Hierzu

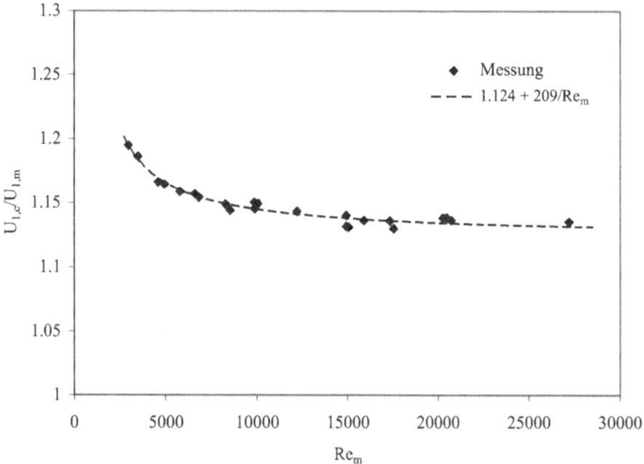

Abbildung 4.5: Verhälnis aus der mittleren Geschwindigkeit in der Mitte des Kanals $U_{1,c,turb}$ und der über die Kanalhöhe gemittelten mittleren Geschwindigkeit $U_{1,m}$ in Abhängigkeit von der Reynoldszahl.

wurden die in Abschnitt 4.3 gezeigten Geschwindigkeitsprofile ausgewertet. $U_{1,c,turb}$ kann somit in Abhängigkeit von der Reynoldszahl durch

$$\overline{U}_{1,c,turb} = \left(1.124 + \frac{209}{Re_m}\right) \overline{U}_{1,m,turb} \tag{4.3}$$

genähert werden. Die starke Überhöhung der gemessenen Schwankungsintensitäten kann man also durch das Hin- und Herwechseln zwischen laminarem und turbulentem Zustand erklären.

Zwischen den in Abbildung 4.4 gezeigten Ergebnissen natürlichen Strömungsumschlages und den Messungen, die mit den Tripping-Plättchen durchgeführt wurden, treten deutliche Unterschiede auf:

[1] $\overline{U}_m$ ergibt sich aus dem Durchfluss $Q = HB\overline{U}_{1,m}$ ergibt sich unter der Annahme, dass die Verdrängungswirkung durch die sich entwickelnden Grenzschichten an den Seitenbewandungen vernachlässigbar klein ist.

- Die Reynoldszahlen, ab welchen der Strömungumschlag stattfindet, werden durch den Einfluss von Tripping deutlich verkleinert. Auch der Zustand vollentwickelter Turbulenz wird bereits bei wesentlich kleineren Reynoldszahlen erreicht.
- Selbst bei den größten untersuchten Reynoldszahlen liegen die Turbulenzgrade ohne Tripping noch etwa 4% über denen mit Tripping. Dies deutet darauf hin, dass sogar bei den größten untersuchten Reynoldszahlen die Strömung ohne Tripping noch nicht vollständig entwickelt ist.
- Die Unterschiede zwischen wiederholten Messreihen bei sonst gleichen Bedingungen sind bei Einsatz von Tripping-Blenden deutlich kleiner. Die Abhängigkeit von unwägbaren äußeren Einflüssen nimmt also ab, und die Reproduzierbarkeit des Strömungsumschlags nimmt zu.
- Je größer die Reynoldszahl ist, bei welcher das Maximum von $u'_{1,c}/\overline{U}_{1,c}$ auftritt, desto kleiner ist die Überhöhung der gemessenen Schwankungen.

Neben dieser qualitativen Beschreibung des Übergangs von laminarer in turbulente Kanalströmung ist es erstrebenswert, das statistische Verhalten der Strömung zu verstehen und quantitativ vorhersagen zu können. Unter der Annahme, dass sich laminare und turbulente Bereiche nicht gegenseitig beeinflussen, dass die Messgrößen also lediglich durch den Intermittenzfaktor γ und die Größen im laminaren bzw. turbulenten Zustand bestimmt sind[2], lassen sich die folgenden Gleichungen für die statistischen Momente bis zur vierten Ordnung ableiten:

$$\overline{U}_{1,c} = \gamma\overline{U}_{1,c,turb} + (1-\gamma)\overline{U}_{1,c,lam} \tag{4.4}$$

$$\overline{u^2}_{1,c} = \gamma\overline{u^2}_{1,c,turb} + \gamma(1-\gamma)(\overline{U}_{1,c,lam} - \overline{U}_{1,c,turb})^2 \tag{4.5}$$

$$\overline{u^3}_{1,c} = \gamma\overline{u^3}_{1,c,turb} + \gamma(1-\gamma)(\gamma^2 - (1-\gamma)^2)(\overline{U}_{1,c,lam} - \overline{U}_{1,c,turb})^3 \tag{4.6}$$

$$\overline{u^4}_{1,c} = \gamma\overline{u^4}_{1,c,turb} + \gamma(1-\gamma)(\gamma^3 + (1-\gamma)^3)(\overline{U}_{1,c,lam} - \overline{U}_{1,c,turb})^4. \tag{4.7}$$

Die allgemeine Form für das Moment n-ter Ordung ergibt sich mittels vollständiger Induktion zu:

$$\overline{u^n}_{1,c} = \gamma\overline{u^n}_{1,c,turb} + \gamma(1-\gamma)(\gamma^{n-1} + (-1)^n(1-\gamma)^{n-1})(\overline{U}_{1,c,lam} - \overline{U}_{1,c,turb})^n. \tag{4.8}$$

In Abbildung 4.6 sind die aus den Gleichungen (4.4) bis (4.7) errechneten Größen $\overline{U}_{1,c}$, $u'_{1,c}/\overline{U}_{1,c}$, $S_{1,c}$ und $F_{1,c}$ aufgetragen. Die einzigen Größen, die hierbei vorgegeben werden mussten, sind die Momente im vollentwickelt turbulenten Fall ($\gamma = 1$). Die Berechnungen wurden für drei verschiedene Reynoldszahlen durchgeführt, um die gesamte Bandbreite von Reynoldszahlen abzudecken, bei welchen sich der laminar-turbulente Umschlag im

[2]Das entspricht dem diskreten Hin- und Herwechseln zwischen laminarem und turbulentem Zustand. In der Realität wird der Übergang jedoch immer kontinuierlich vor sich gehen.

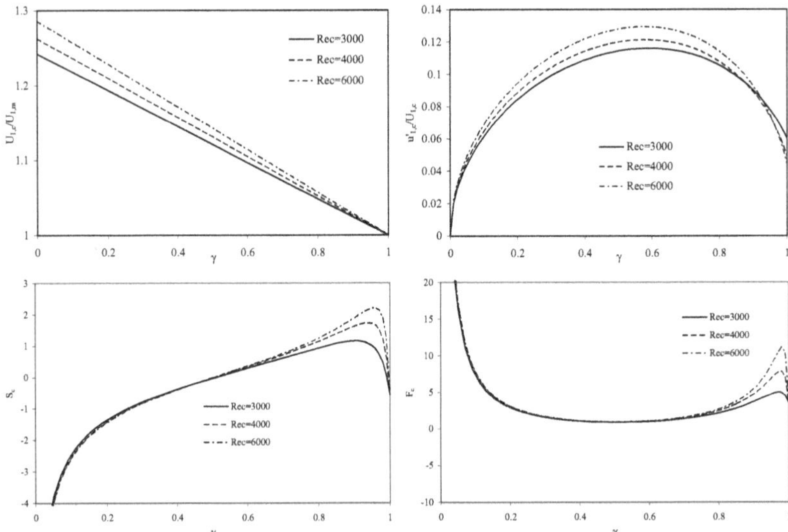

Abbildung 4.6: Mittlere Geschwindigkeit, Turbulenzgrad, Skewness und Flatness auf der Kanalmitte in Abhängigkeit vom Intermittenzgrad für verschiedene Reynoldszahlen nach den Gleichungen (4.5).

Experiment ereignet. Die mittlere Geschwindigkeit fällt im Zentrum des Kanals mit ansteigendem Intermittenzfaktor linear bis auf den Wert um etwa 25% niedrigeren Wert ab, der dem vollentwickelten turbulenten Strömungsprofil entspricht.

Die errechneten Turbulenzgrade zeigen, wie bereits in den Messungen beobachtet, stark überhöhte Werte. Das Maximum liegt bei etwa $\gamma = 0.6$ und nimmt je nach Reynoldszahl Werte von 11.6% bis 13.0% an. Das stimmt mit dem experimentell beobachteten Verhalten auch quantitativ beachtenswert gut überein. Tritt die Transition erst bei relativ großen Reynoldszahlen ein (z.B. $Re_c = 6000$), so fallen die gemessenen Maximalwerte gegenüber den errechneten etwas zurück. Dies lässt sich dadurch erklären, dass das Hin- und Herwechseln zwischen entwickeltem laminaren und turbulentem Gebiet nicht schlagartig vor sich geht.

Skewness und Flatness zeigen ein komplexes Verhalten beim Durchlaufen des Transitionsprozesses. Für kleine Werte von γ weist $S_{1,c}$ sehr große negative, $F_{1,c}$ sehr große positive Werte auf. Dies lässt sich durch die seltenen, aber im Verhältnis zum mittleren Schwankungswert sehr großen Abweichungen der Momentangeschwindigkeit von der mittleren Geschwindigkeit hin zu kleineren Werten erklären. Ebenso liegen bei $\gamma \approx 0.97$ Extremalwerte von Skewness und Flatness vor. Nun weist allerdings auch der Ausschlag von $S_{1,c}$ zu positiven Werten. Die Ursache hierfür ist die Unterbrechung langer turbulenter Zeitabschnitte durch kurze laminare. Die Überhöhungen bei $\gamma \approx 0.97$ sind wesentlich schwächer als die Abweichungen bei $\gamma \approx 0$, da hier der größte Schwankungsbeitrag von der Turbulenz und nicht von der Intermittenz herrührt.

Rekonstruktion des Intermittenzgrads aus den Messungen

Da der Einfluss des Strömungsumschlages auf die statistischen Größen durch die Gleichungen (4.4) bis (4.7) gut beschrieben wird, ist es naheliegend, im Umkehrschluss aus den gemessenen Werten den jeweiligen Intermittenzgrad γ zu berechnen. Aus Gleichung (4.5) erhält man durch Division durch das Quadrat der mittleren Geschwindigkeit die Gleichung für das Quadrat des Turbulenzgrades:

$$\left(\frac{u'_{1,c}}{\overline{U}_{1,c}}\right)^2 = \gamma\left(\frac{u'_{1,c,turb}}{\overline{U}_{1,c,turb}}\right)^2\left(\frac{\overline{U}_{1,c,turb}}{\overline{U}_{1,c}}\right)^2 + \gamma(1-\gamma)\left(\frac{\overline{U}_{1,c,lam}}{\overline{U}_{1,c,turb}} - 1\right)^2\left(\frac{\overline{U}_{1,c,turb}}{\overline{U}_{1,c}}\right)^2 \tag{4.9}$$

Unter der Annahme, dass der Schwankungsgrad im vollturbulenten Fall und das Verhältnis aus mittlerer Geschwindigkeit im turbulenten und im laminaren Fall bekannt sind ($\frac{u'_{1,c,turb}}{\overline{U}_{1,c,turb}} =: a$, $\frac{\overline{U}_{1,c,turb}}{\overline{U}_{1,c,bulk}} =: b$) und unter Verwendung von Gleichung (4.4) erhält man für den gemessenen Turbulenzgrad $x := \frac{u'_{1,c}}{\overline{U}_{1,c}}$ die folgende Beziehung:

$$x^2 = \frac{\gamma a^2 + \gamma(1-\gamma)(1-\frac{3}{2b})^2}{\left(\gamma + (1-\gamma)\frac{3}{2b}\right)^2} \tag{4.10}$$

Durch einfache Umformungen lassen sich die Lösungen für den Intermittenzgrad angeben:

$$\begin{aligned}\gamma_{1/2} &= \frac{a^2 + (1-\frac{3}{2b})(1-\frac{3}{2b}(1+2x^2)}{2(1+x^2)(1-\frac{3}{2b})^2} \\ &\pm \frac{\sqrt{\left[a^2 + \left(1-\frac{3}{2b}\right)\left(1-\frac{3}{2b}(1+2x^2)\right)\right]^2 - \left(\frac{3x}{b}\right)^2(1+x^2)\left(1-\frac{3}{2b}\right)^2}}{2(1+x^2)(1-\frac{3}{2b})^2}\end{aligned} \tag{4.11}$$

Durch die Anwendung von Gleichung (4.11) ist es somit möglich, aus den gemessenen Daten den Verlauf des Intermittenzfaktors zu rekonstruieren. Hierbei ist zu beachten, dass die gewonnenen Aussagen über den Intermittenzfaktor nur so genau sein können, wie das Verhalten der Funktionen a und b bekannt ist. Zudem werden in diesem Modell die Schwankungen durch elektronisches Rauschen und durch Messvolumenverzerrungen nicht berücksichtigt. Alle gemessenen Schwankungen werden auf die Intermittenz beziehungsweise auf die Schwankungen im turbulenten Fall zurückgeführt. Die errechneten Werte von γ sind daher nur effektive Intermittenzfaktoren. Es ist aber zu erwarten, dass diese das tatsächliche Geschehen über weite Bereiche sehr gut wiedergeben.

In Abbildung 4.7 sind die aus den Experimenten erhaltenen Intermittenzfaktoren gegenüber der Reynoldszahl aufgetragen. Hierbei wurden die beiden Fälle $Trip = 0$ und $Trip = 10\%$ gegenübergestellt. Für die Parameter a und b wurden gemäß den Gleichungen (4.12) und (4.3) folgende Abhängigkeiten von der Reynoldszahl angenommen: $a = 0.13Re_c^{-1/8}$, $b = 1.124/(1 - 209/Re_c)$. Man sieht in Abbildung 4.7 deutlich, wie

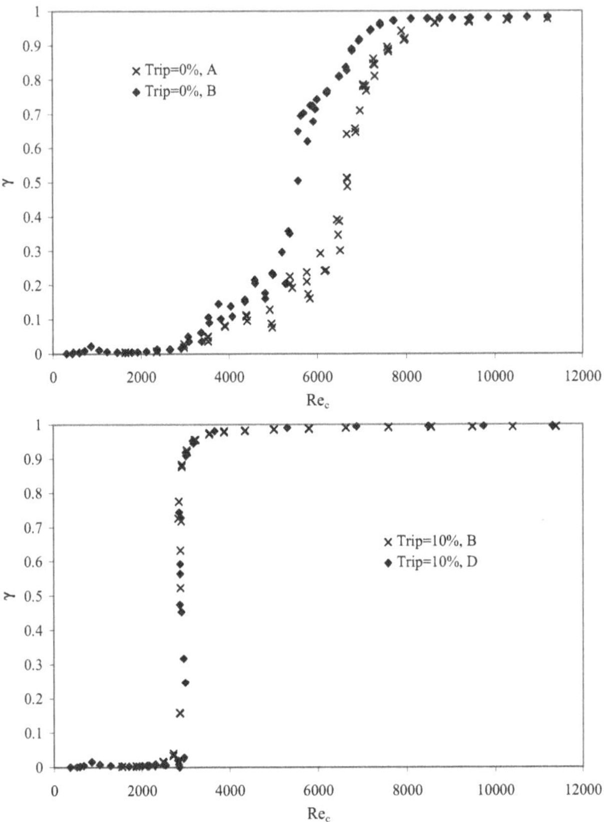

Abbildung 4.7: Aus experimentellen Daten ermittelter Intermittenzgrad für verschiedene Trippingverhältnisse.

der Strömungsumschlag zu kleineren Reynoldszahlen verschoben wird. Mithilfe der so gewonnen Information über die Entwicklung der Intermittenz kann man nun z.B. kritische Reynoldszahlen durch die Wahl eines kritischen Intermittenzfaktors γ_c definieren (z.B. $\gamma_c = 0.1$). Dies erleichtert den Vergleich verschiedener Messungen bei Parameterstudien.

Im Zusammenhang mit der Untersuchung vollentwickelter turbulenter Strömung bei kleinen Reynoldszahlen ist die Frage von Interesse, inwieweit sich mit einer weiteren Erhöhung des Tripping-Verhältnisses die Transition zu noch kleineren Reynoldszahlen verschieben lässt und welche die kleinste mögliche Reynoldszahl ist, bei der die Kanalströmung bereits vollentwickelt turbulent ist. Zur Klärung dieser Fragen wurde die Transition der Kanalströmung für verschieden dimensionierte Tripping-Blenden untersucht. In Abbildung 4.8 sind die gemessenen Turbulenzgrade für Tripping-Verhältnisse zwischen 10% und 40% aufgetragen. Folgende Ergebnisse können festgehalten werden:

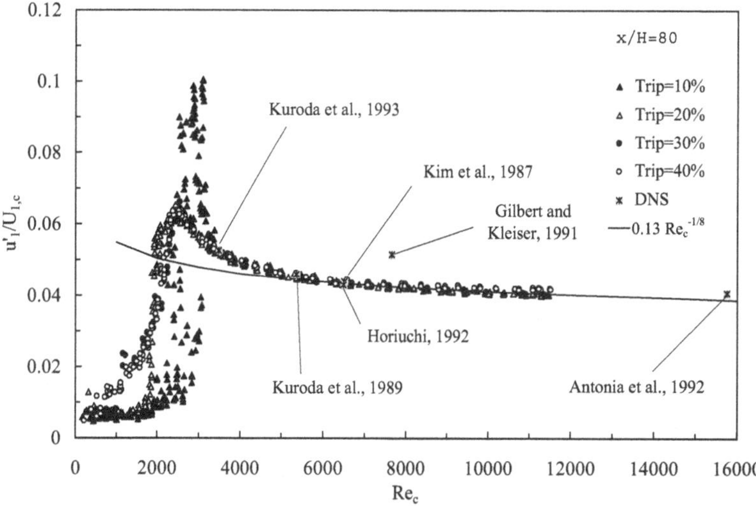

Abbildung 4.8: Turbulenzgrad in Abhängigkeit von der Reynoldszahl für verschiedene Tripping-Verhältnisse.

- Für Trippingverhältnisse ab 20 % kommen alle Messungen ab $Re_c = 2400$ auf einer monoton fallenden Kurve zu liegen. Die Vermutung liegt nahe, dass es sich bei allen diesen Zuständen um vollentwickelte Turbulenz handelt.

- Ab $Re_c \approx 5000$ werden die gemessenen Daten sehr gut durch die folgende Gleichung

$$\frac{u'_{1,c}}{\overline{U}_{1,c}} = 0.13 Re_c^{-1/8} \tag{4.12}$$

  beschrieben. Gleichung (4.12) ist äquivalent zu $u'^{+}_{1,c} = const.$ (siehe auch Abschnitt 4.3; Durst *et al.* 1998*a*). Unterhalb von $Re_c \approx 5000$ hingegen scheinen die turbulenten Fluktuationen auf der Kanalmitte auch bei Vollentwicklung nicht mehr mit inneren Variablen zu skalieren.

- Bei den größten untersuchten Reynoldszahlen $Re_c \approx 10000$ liegen die für das stärkste Tripping gemessenen Werte wieder signigikant über den bei kleineren Trippingverhältnissen gemessenen Werten. Hieraus kann geschlussfolgert werden, dass die Strömung durch sehr große Trippingverhältnisse zu stark gestört wird.

- Die Werte aus numerischen Berechnungen stimmen mit mit den experimentellen Ergebnissen überein. Nur die Daten von Gilbert und Kleiser (1991) zeigen einen deutlich höheren Turbulenzgrad. Es liegen Hinweise darauf vor, dass das Berechnungsgitter im Kernbereich der Strömung bei diesem numerischen Datensatz nicht genügend aufgelöst ist.

Es zeigt sich also, dass es auf die Frage nach dem „optimalen" Tripping keine allgemeine Antwort gibt. Allerdings kann man für eine bestimmte Stromabposition und für eine bestimmte Reynoldszahl einen Bereich von Tripping-Verhältnissen finden, für den die Strömung vollentwickelt ist. Für $Re_c = 10000$ z.B. liegt die untere Grenze zwischen $Trip = 0\%$ und $Trip = 5\%$ und die obere Grenze bei etwa $Trip = 40\%$. Für $Re_c = 2400$ hingegen ist die untere Grenze etwa bei $Trip = 15\%$ und die obere Grenze oberhalb von $Trip = 40\%$ zu finden. Die hier beobachtete Variation der unteren Grenze stimmt auch mit den Beobachtungen des Strömungsumschlages nach einem „Stolperdraht" überein. Dessen Wirksamkeit konnte nach Kreamers (1961) als Funktion der Rauigkeitshöhe k sowie der Anströmgeschwindigkeit bestimmt werden (siehe auch Kapitel 5.3). Hiernach ist ein Draht „voll wirksam" für $Uk/\nu > 900$. Auch diese Bedingung kann bei zunehmender Reynoldszahl durch immer kleinere Rauigkeiten erfüllt werden. Für die im weiteren Verlauf dieses Kapitels angestrebten Untersuchungen kann ein Tripping-Verhältnis von 15% bzw. 20% empfohlen werden.

In Abbildung 4.9 ist – in Analogie zu Abbildung 4.8 – der Einfluss des Trippings auf die Skewness und die Flatness aufgezeigt. Ein Vergleich mit Abbildung 4.6 bestätigt das Auftreten der aus der Analyse von Gleichung (4.6) bis (4.7) erwarteten Effekte. So können die großen negativen bzw. positiven Skewness- bzw. Flatnesswerte in frühen Intermittenzstadien bestätigt werden.

4.2.3 Klassifizierung der Strömungszustände

Im bisherigen Verlauf dieses Abschnittes konnte gezeigt werden, dass große Teile des Strömungsumschlags einer zweidimensionalen Kanalströmung durch Intermittenz erklärt werden können. Folgende Fragen, die insbesondere die ersten Entwicklungsstadien der laminar-turbulenten Transition betreffen, bleiben zunächst unbeantwortet:

- Wie bereits anhand von Abbildung 4.8 erläutert, kann man das Überschießen der Schwankungsgrößen bei $Trip = 0\%$ und $Trip = 10\%$ mit dem Wechsel zwischen laminarem und turbulentem Zustand identifizieren. Betrachtet man sich jedoch den Bereich links von $Re_c = 2400$ in Abbildung 4.8 genau, so wird man feststellen, dass sich ein ähnlicher Übergang bei Tripping-Verhältnissen $Trip \geq 20\%$ unterhalb von $Re_c = 2400$ ereignet, wenn auch die Überhöhung der Schwankungswerte deutlich geringer ausfällt. Kann man diesen Übergang ebenfalls durch Intermittenz erklären?

- Welchem Strömungszustand sind die Schwankungen für $Re_c \leq 2400$ zuzuordnen?

- Welches ist die kleinste Reynoldszahl, bei welcher vollentwickelte Turbulenz vorliegen kann?

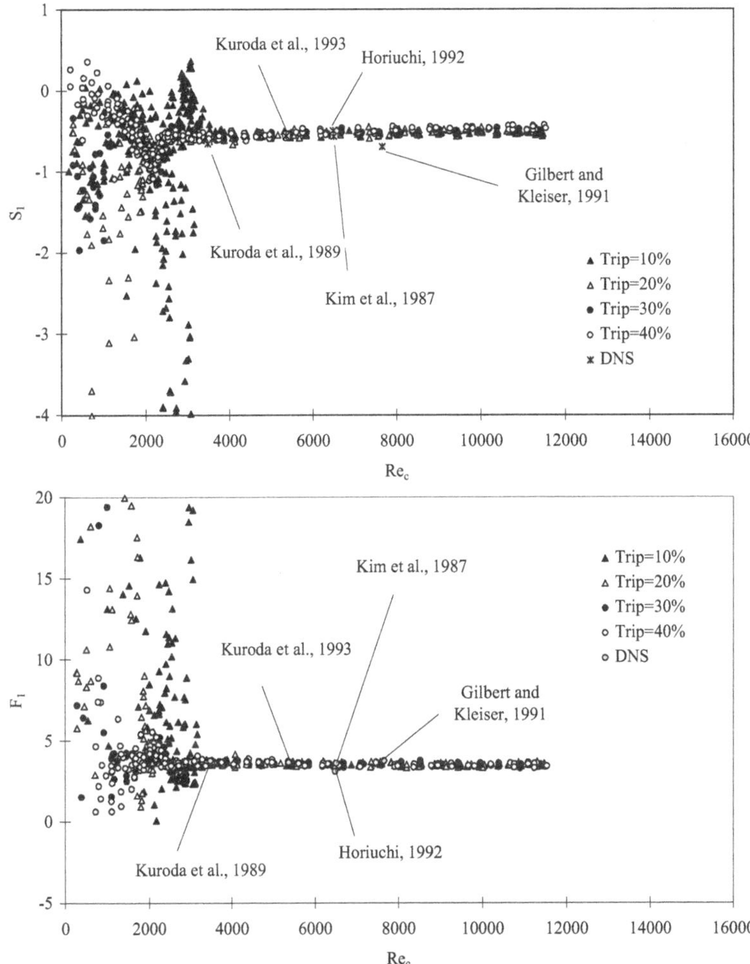

Abbildung 4.9: Skewness und Flatness in Abhängigkeit von der Reynoldszahl für verschiedene Tripping-Verhältnisse.

- Über welche verschiedenen Mechanismen erfolgt die Transition in zweidimensionaler Kanalströmung?
- Wie wirkt sich die Intensität der Strömungsstörung am Kanaleinlass auf diese Me-

chanismen aus?

Im Folgenden wird nun versucht, Antworten auf diese offenen Fragen zu finden. Die frühen Schwankungsstadien im Bereich kleinerer Reynoldszahlen können noch genauer untersucht werden, wenn man eine Auftragung wählt, in der die Schwankungsgrößen logarithmisch dargestellt werden (siehe Abbildung 4.10). Unterhalb einer vom Tripping abhängi-

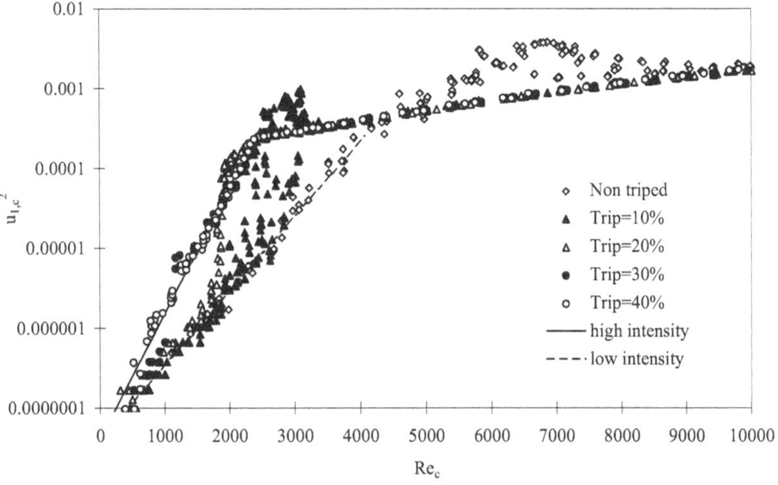

Abbildung 4.10: Schwankungsintensität in Abhängigkeit von der Reynoldszahl für verschiedene Tripping-Verhältnisse.

gen Reynoldszahl $Re_{c,I}$ liegt ein Schwankungszustand vor, der sich durch eine Gerade in halblogarithmischer Darstellung annähern lässt. Daraus lässt sich auf exponentielles Wachstum der turbulenten Schwankungen mit der Reynoldszahl schließen:

$$u'_{1,c} \approx 2 \cdot 10^{-4} e^{Re_c/930} \tag{4.13}$$

Bei $Re_{c,I}$ wechseln die Daten auf eine Gerade größerer Fluktuationen. Während des Übergangs kommt es zu einer Überhöhung der Schwankungsgrößen. Für den Bereich oberhalb von $Re_{c,I}$ gilt ebenfalls exponentielles Wachstum, allerdings mit einem nahezu doppelt zu großen Exponenten:

$$u'_{1,c} \approx 2 \cdot 10^{-4} e^{Re_c/550} \tag{4.14}$$

Die beiden ermittelten Linien schneiden sich bei $Re_c = 0$. Die Kurve größerer Steigung geht bei $Re_c = 2400$ in eine deutlich flacher ansteigende Kurve über, es tritt ein Knick in der Schwankungsintensität auf. Dieser Knick entspricht dem spitzen Maximum in $u'_{1,c}/\overline{U}_{1,c}$ (Abbildung 4.8). Die an dieser Stelle gemessenen Turbulenzgrade betragen etwa 6.3%.

Szenarium zur Transition in zweidimensionaler Kanalströmung

Offensichtlich gibt es in der zweidimensionalen Kanalströmung zwei verschiedene kritische Reynoldszahlen. Hierbei tritt bei einer unteren kritische Reynoldszahl $Re_{c,I}$ ein Sprung in der turbulenten kinetischen Energie auf, während bei einer zweiten, oberen kritischen Reynoldszahl $Re_{c,II}$ keine Diskontinuität in der turbulenten Energie selbst, sondern in deren erster Ableitung vorliegt.

Die Analogie der geschilderten Beobachtungen zu Phasenübergängen bei Stoffumwandlungprozessen ist auffallend. Es können hieraus Parallelen gezogen werden, die einen Einblick in die zugrundeliegenden Vorgänge erlauben. So können bei Phasenübergängen erster Ordnung beide Stoffzustände gleichzeitig vorliegen (z.B beim Übergang vom festen in den flüssigen oder vom flüssigen in den gasförmigen Aggregatzustand von Materie). Der Sprung im Energieniveau äußert sich dort im Auftreten einer latenten Wärme. Im hier betrachteten Fall einer Fluidströmung äußert sich dies in Form von Intermittenz, also in der gleichzeitigen Existenz zweier verschiedener Strömungszustände bei ein und derselben Reynoldszahl.[3] Bei Phasenübergangen zweiter Ordnung liegt hingegen *entweder* nur die eine Phase *oder* nur die andere Phase vor (z.B. beim Übergang von ferro- zu paramagnetischem Zustand von Festkörpern oder von Ordnung zu Unordnung in Metalllegierungen). Die physikalische Ursache für diesen Phasenübergang zweiter Ordnung bei einer Kanalströmung ist nicht ohne weiteres einsichtig. Weiter unten in diesem Abschnitt wird ein Erklärungsversuch geliefert werden.

Um die verschiedenen Strömungszustände voneinander abgrenzen zu können, sind in Abbildung 4.11 die aus den Messungen ermittelten kritischen Reynoldszahlen in ein Diagramm eingetragen. Es wird hierbei zwischen drei Zuständen unterschieden. Über diese Zustände sollen im Folgenden Aussagen getroffen werden, indem die Phasenübergänge, die zwischen diesen Zuständen vermitteln, genauer betrachtet werden. Die untere kritische Reynoldszahl $Re_{c,I}$ ist abhängig von Tripping und von den Ausgangsbedingungen am Kanaleinlass. Aus Untersuchungen ebener Grenzschichtströmungen ist bekannt, dass der Ort, ab welchem Sekundärinstabilitäten auftreten, mit zunehmender Hindernishöhe (und damit zunehmender Störung der Grundströmung), immer weiter in Richtung des Hindernisses wandert (siehe z.B. Schlichting, 1968 und Kapitel 5.3 der vorliegenden Arbeit). Der Verlauf von $Re_{c,I}$ in den Messungen lässt sich analog zur Bedingung $Uk/\nu > 900$ nach Kraemers (1961) durch eine Bedingung $Re_{c,I} \cdot Trip = const.$ annähern (siehe gestrichelte Linie in Abbildung 4.11). Es bietet sich daher an, auch die hier vorliegende Abhängigkeit der kritischen unteren Reynoldszahl von der Trippinghöhe durch Sekundärinstabilität zu erklären. Dies entpricht dem Übergang von Zwei- zu Dreikomponentenschwankungen.

Der Phasenübergang zweiter Ordnung tritt erst ab einer bestimmten Trippinghöhe ($Trip >$ 16%) auf. Interessanterweise ist die kritische Reynoldszahl $Re_{c,II}$, bei der dieser Übergang stattfindet, jedoch unabhängig von der Störung der Strömung am Kanaleinlass. Die Anfangsbedingungen haben also offenbar keinen Einfluss darauf, bei welcher Reynoldszahl

[3] Eine weitere interessante Parallele ergibt sich bezüglich des Auftretens von überkritischem Verhalten. Wie z.B. Wasser bei Temperaturen unterhalb von $0°C$ flüssig sein kann, wenn kleine Unregelmäßigkeiten fehlen, so kann auch eine Strömung oberhalb der kritischen Reynoldszahl laminar sein, wenn die Strömung sehr homogen ist.

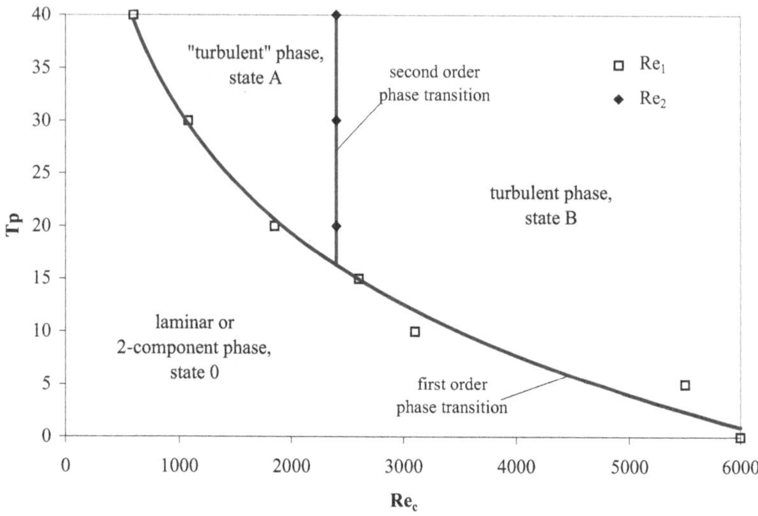

Abbildung 4.11: Phasendiagramm für den Strömungszustand.

dieser Übergang stattfindet, sondern nur darauf, ob er überhaupt stattfindet. Die Annahme, dass es sich bei Phase A wie auch bei Phase B um einen vollentwickelten Zustand handelt, wird dadurch untermauert, dass die Werte der gemessenen Schwankungsgrößen in diesem Zustand nicht von der Stärke des Trippings abhängen. Offensichtlich besteht hier ein Gleichgewicht zwischen der Produktion und Dissipation von Schwankungsenergie. Im Gegensatz zu $Re_{c,II}$ ist die Reynoldszahl, bei welcher der Übergang erster Ordung stattfindet, $Re_{c,I}$ sehr deutlich vom Tripping abhängig. Es kann deshalb davon ausgegangen werden, dass sich die Kurve des Phasenübergangs erster Ordung mit zunehmendem Abstand vom Einlass immer weiter zu kleineren Reynoldszahlen verschiebt.

Es bleibt die Frage, welcher physikalische Prozess für den Phasenübergang zweiter Ordnung verantwortlich ist. Da oberhalb von $Re_{c,II}$ die turbulente kinetische Energie nicht so schnell mit zunehmender Reynoldszahl ansteigt wie unterhalb von $Re_{c,II}$, liegt es nahe, nach einem neu hinzukommenden Mechanismus für die Überführung von mechanischer in thermische Energie zu suchen. Denkbar wäre folgendes Szenarium, welches in Form einer Hypothese formuliert werden soll:

- Im Strömungszustand „0“ werden entweder alle Schwankungsbewegungen gedämpft oder es liegen Fluktuation in lediglich zwei Komponenten vor (Tollmien-Schlichting-Wellen).
- Im Strömungszustand „A“ ist die Strömung instabil gegenüber dreidimensionalen Schwankungen. Allerdings wird alle produzierte Turbulenzenergie auf denselben Skalen durch direkte Dissipation in Wärmeenergie überführt.

- Strömungszustand „B“ entspricht dem, was man üblicherweise als vollentwickelten, turbulenten Zustand beschreibt. Schwankungsenergie wird dem mittleren Strömungsfeld auf großen Skalen entzogen, durch den Wellenzahlraum transportiert und auf kleinen Skalen dissipiert.

Gemäß dieser Hypothese entspricht das Überschreiten von $Re_{c,II}$ dem Einsetzen des Netto-Transportes von Energie im Wellenzahlraum hin zu großen Wellenzahlen. Erstmals werden also bei $Re_{c,II}$ gemäß Gleichung (2.10) so kleine Wirbel erzeugt, dass die Energie bei großen Wellenzahlen wesentlich effizienter dissipiert werden kann als bei kleineren Wellenzahlen. Während also unterhalb von $Re_{c,II}$ Produktions- und Dissipationsbereich im Wellenzahlraum überlappen, sind sie oberhalb von $Re_{c,II}$ entkoppelt. Der Zustand „A“ ist nach den Kriterien aus Abschnitt 1 nicht turbulent, da keine Trennung zwischen den Skalen von Produktion und Dissipation vorliegt.

Für eine Bestätigung der beschriebenen Zusammenhänge sind weitere experimentelle Untersuchungen notwendig. Hitzdrahtmessungen auf der Kanalmitte könnten über eine Frequenzanalyse in Abhängigkeit von der Reynoldszahl eine Validierung der aufgestellten Hypothese ermöglichen. Eine Identifizierung der Komponentalität wäre über Mehrkomponentenmessungen möglich.

4.3 Vollentwickelte turbulente Kanalströmung

It is a capital mistake to theorize before one has data.
Insensibly, one begins to twist facts to suit theories,
instead of theories to suit facts.

Sherlock Holmes in Arthur C. Doyle's „A Scandal in Bohemia“

Ein experimenteller Datensatz von Strömungsprofilen der wichtigsten statistischen Momente für den Reynoldszahlbereich zwischen $Re_c = 3000$ und $Re_c = 25000$, der bis unmittelbar an die Wand heranreicht, wird vorgestellt. Die physikalischen Hintergründe für das Skalierungsverhalten der Strömung in verschiedenen Wandabständen werden beleuchtet.

Die experimentellen Untersuchungen wurden bei neun verschiedenen Reynoldszahlen zwischen $Re_c = 3000$ und $Re_c = 25000$ durchgeführt. In Tabelle 4.2 sind wichtige Parameter für jedes der Experimente zusammengestellt. Die Strömung wurde gemäß den Ergebnissen aus Abschnitt 4.2 am Einlass des Kanals mit einem Versperrungsgrad von 15% getrippt. Die Schubspannungsgeschwindigkeit wurde mit einer Methode nach Durst *et al.* (1995) bestimmt, bei welcher die wandnahen Geschwindigkeitsdaten an ein Polynom fünfter Ordnung angepasst werden. Hierbei kann durch die Berücksichtigung der Impulsgleichung die Anzahl der Anpassungsparameter auf vier reduziert werden. Einer dieser Parameter ist u_τ.

U_c (m/s)	U_m (m/s)	U_c/U_m	Re_c	Re_m	Re_τ	u_τ (m/s)	d_2^+
0.394	0.332	1.186	4126	3479	118	0.0225	2.29
0.582	0.500	1.164	5753	4941	160	0.0324	3.11
0.749	0.649	1.154	7843	6796	211	0.0403	1.69
0.958	0.834	1.149	9492	8263	250	0.0505	4.85
1.102	0.959	1.149	11534	10038	299	0.0572	2.40
1.413	1.236	1.143	13926	12184	350	0.071	6.79
1.659	1.466	1.131	16877	14918	418	0.082	3.01
1.948	1.724	1.130	19819	17544	481	0.0945	3.96

Tabelle 4.2: Wichtige Strömungsparameter für die untersuchten Reynoldszahlen.

4.3.1 Mittlere Geschwindigkeit

Durch die zeitliche Mittelung der normierten Impulsgleichung (2.12) erhält man die Bewegungsgleichungen für eine vollentwickelte Kanalströmung:

$$0 = -\frac{\partial p^+}{\partial x_1^+} - \frac{\partial \overline{u_1^+ u_2^+}}{\partial x_2^+} + \frac{\partial^2 \overline{U}_1^+}{\partial x_2^+ \partial x_2^+} \tag{4.15}$$

$$0 = -\frac{\partial p^+}{\partial x_2^+} - \frac{\partial \overline{u_2^{+2}}}{\partial x_2^+}. \tag{4.16}$$

Die Integration von Gleichung (4.16) in x_2-Richtung und die anschließende Differentiation nach x_1 zeigt, dass der Druckgradient in Stromabrichtung $\partial p^+/\partial x_1^+$ unabhängig vom Wandabstand ist. Zudem ist $\partial p^+/\partial x_1^+$ aufgrund der vollentwickelten Strömungsbedingung unabhängig von der Stromabkoordinate. Die Integration von Gleichung (4.15) über x_2 liefert deshalb folgende Beziehung:

$$c = -x_2^+ \frac{\partial p^+}{\partial x_1^+} - \overline{u_1^+ u_2^+} + \frac{\partial \overline{U}_1^+}{\partial x_2^+}. \tag{4.17}$$

Aus der Haftbedingung an der Wand und der Symmetriebedingung auf der Kanalmitte folgt, dass die Konstante c den Wert 1 hat und dass für den Druckgradienten in Stromabrichtung gilt: $\partial p^+/\partial x_1^+ = 1/Re_\tau$. Gleichung (4.17) lässt sich damit umformen in:

$$1 - \frac{x_2^+}{Re_\tau} = \frac{\partial \overline{U}_1^+}{\partial x_2^+} - \overline{u_1^+ u_2^+}. \tag{4.18}$$

Eine nochmalige Integration von Gleichung 4.18 in x_2-Richtung führt zur Gleichung für die mittlere Geschwindigkeit:

$$U_1^+ = x_2^+ - \underbrace{\frac{x_2^{+2}}{2Re_\tau}}_{\text{Druckverlust-Term}} + \underbrace{\int_0^{x_2^+} \overline{u_1^+ u_2^+} dx_2'^+}_{\text{Reynoldsspannungs-Term}} . \tag{4.19}$$

Dies verdeutlicht, dass neben dem ersten Glied auf der rechten Seite von Gleichung (4.19), welches das lineare Wandgesetz beschreibt, zwei weitere Terme eine Rolle spielen. Der erste von diesen beiden weist eine explite Reynoldszahlabhängigkeit auf. Er ist mit dem Druckgradienten $\partial p^+/\partial x_1^+$ verbunden, der die Strömung durch den Kanal treibt. Dieser Term verringert die mittleren Geschwindigkeiten und sorgt dafür, dass der Gradient der mittleren Geschwindigkeit auf der Kanalmitte verschwindet. Das zweite Glied entspricht dem Integral über die Reynoldsspannung $\overline{u_1^+ u_2^+}$. Auch dieser Term vermindert die mittlere Geschwindigkeit, da $\overline{u_1^+ u_2^+}$ negativ ist.

Um den Gültigkeitsbereich des universellen Wandgesetzes zu untersuchen, ist es zweckmäßig, die einzelnen Terme von Gleichung (4.19) für kleine Abstände von der Wand zu analysieren. Eine Taylor-Reihenentwicklung für die momentanen Geschwindigkeitsschwankungen um die Wandposition liefert folgende Beziehung für die Reynoldsspannung:

$$\left.\begin{array}{lllllll} u_1^+ & = & a_1^+ x_2^+ & + & a_2^+ x_2^{+2} & + & \cdots \\ u_2^+ & = & & + & b_2^+ x_2^{+2} & + & \cdots \\ u_3^+ & = & c_1^+ x_2^+ & + & c_2^+ x_2^{+2} & + & \cdots \end{array}\right\} \rightarrow \overline{u_1^+ u_2^+} = \overline{a_1^+ b_2^+} x_2^{+3}. \qquad (4.20)$$

Hieraus folgt, dass der Beitrag des Reynoldsspannungs-Terms proportional zur vierten Potenz des Wandabstandes ist. Es lassen sich für das Verhalten der mittleren Geschwindigkeit in Wandnähe folgende Bereiche unterscheiden:

- An der Wand ($x_2^+ \approx 0$) gilt $\overline{U_1^+} \propto x_2^+$. Per Definition ist hier die mittlere Geschwindigkeit unabhängig von der Reynoldszahl.

- Mit zunehmendem Wandabstand macht sich der Druckverlust-Term zunehmend bemerkbar. Ab welchem Wandabstand dieser nicht mehr vernachlässigbar ist, ab wann es also zu einer Verletzung des universellen Wandgesetzes kommt, hängt von der Reynoldszahl ab. Setzt man beispielsweise eine Abweichung von zwei Prozent als Kriterium für eine merkliche Abweichung vom universellen Wandgesetz, so ergibt sich für den Wandabstand, innerhalb dessen die innere Skalierung noch Gültigkeit besitzt, zu:
$$x_2^+ = Re_\tau \frac{2}{100}.$$
Hieraus folgt, dass nach diesem Kriterium erst ab $Re_\tau \approx 500$ universelles Verhalten für die gesamte viskose Unterschicht gegeben ist! Bei kleinen Reynoldszahlen macht sich die äußere Randbedingung also bis in die viskose Unterschicht hinein bemerkbar.

- Bei einer weiteren Entfernung von der Wand ist zu erwarten, dass der Einfluss durch die Reynoldszahlabhängigkeit der Reynoldsspannung zunehmend größer wird.

In Abbildung 4.12 sind die gemessenen Geschwindigkeitsprofile aufgetragen. Zur besseren Unterscheidbarkeit sind im unteren Teil der Abbildung die Messungen nochmals dargestellt, nun aber gegeneinander versetzt. Deutlich werden die Abweichungen der Profile voneinander bei Annäherung an die Kanalmitte sichtbar. Um die mittlerer Geschwindigkeit im sehr wandnahen Bereich bessser untersuchen zu können, bietet es sich an, alle Daten mit dem Wandabstand zu normieren. Die experimentellen Daten sind für den Bereich

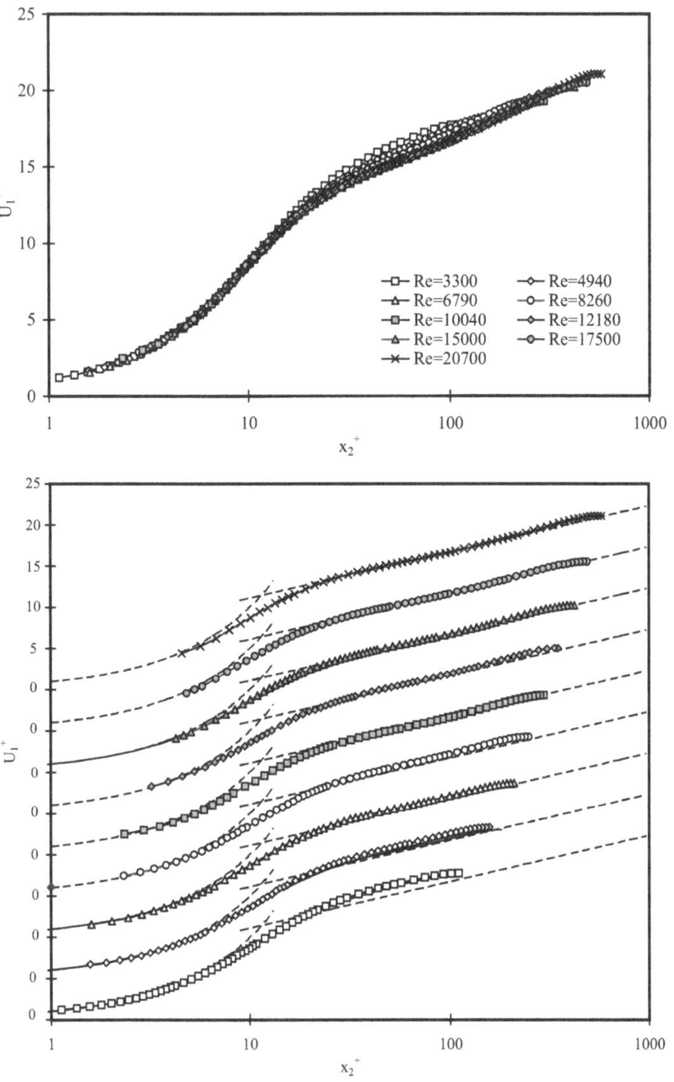

Abbildung 4.12: Profile der mittleren Geschwindigkeit; in der unteren Abbildung wurden die verschiedenen Datensätze mit einer Verschiebung in U_1^+ versehen.

$x_2^+ < 30$ in Abbildung 4.13 gezeigt. Erst außerhalb der viskosen Unterschicht kann eine systematische Erniedrigung der mittleren Geschwindigkeit mit zunehmender Reynoldszahl identifiziert werden. Innerhalb der viskosen Unterschicht dominieren hingegen experimentelle Ungenauigkeiten. In diesem Zusammenhang ist die Frage von Interesse, inwieweit

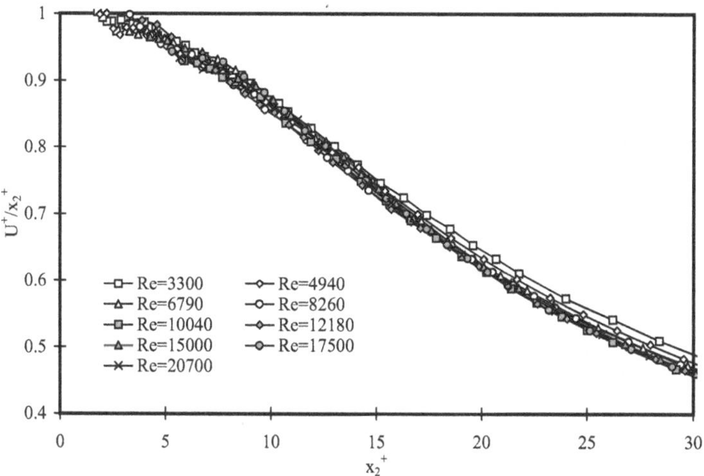

Abbildung 4.13: Experimentell bestimmte Werte der mit dem Wandabstand normierten mittleren Geschwindigkeit für verschiedene Reynoldszahlen.

sich diese Beobachtungen mit den Daten aus DNS decken. In Abbildung 4.14 sind die zur Verfügung stehenden numerischen Datensätze in der gleichen Weise wie in Abbildung 4.13 aufgetragen. Die numerischen Daten erfüllen an der Wand nur mit einer Genauigkeit von etwa 2% die Bedingung $U_1^+/x_2^+ = 1$ und genügen damit nicht exakt der Impulsgleichung an der Wand. Die Ursache für diese Inkonsistenz einiger Datensätze mag in einer ungenügenden räumlichen Auflösung der numerischen Berechnungen in Wandnähe liegen. Um die Berechnungsfehler von einem Einfluss der Reynoldszahl unterscheiden zu können, wurden für Abbildung 4.14 (unten) die einzelnen DNS-Datensätze mit ihrem Wert U_1^+/x_2^+ an der Wand normiert. Dieses Vorgehen ist legitim, wenn sich die erwähnten Berechnungsfehler in gleicher Weise auf den gesamten betrachteten Bereich ($0 < x_2^+ < 20$) auswirken. Somit wird ein Vergleich zwischen den für verschiedene Reynoldszahlen berechneten Datensätzen ermöglicht. Und in der Tat scheint das Bild, welches sich aus Abbildung 4.14 (unten) ergibt, plausibel: Im Bereich der viskosen Unterschicht gibt es mit kleiner werdender Reynoldszahl immer größere Abweichungen vom linearen Wandgesetz, d.h. der Druckverlust-Term in Gleichung (4.19) dominiert die Reynoldszahlabhängigkeiten. Außerhalb der viskosen Unterschicht hingegen überwiegt der Einfluss durch den Reynoldsspannungsterm. Dieser führt zu einer Verminderung der mittleren Geschwindigkeiten mit

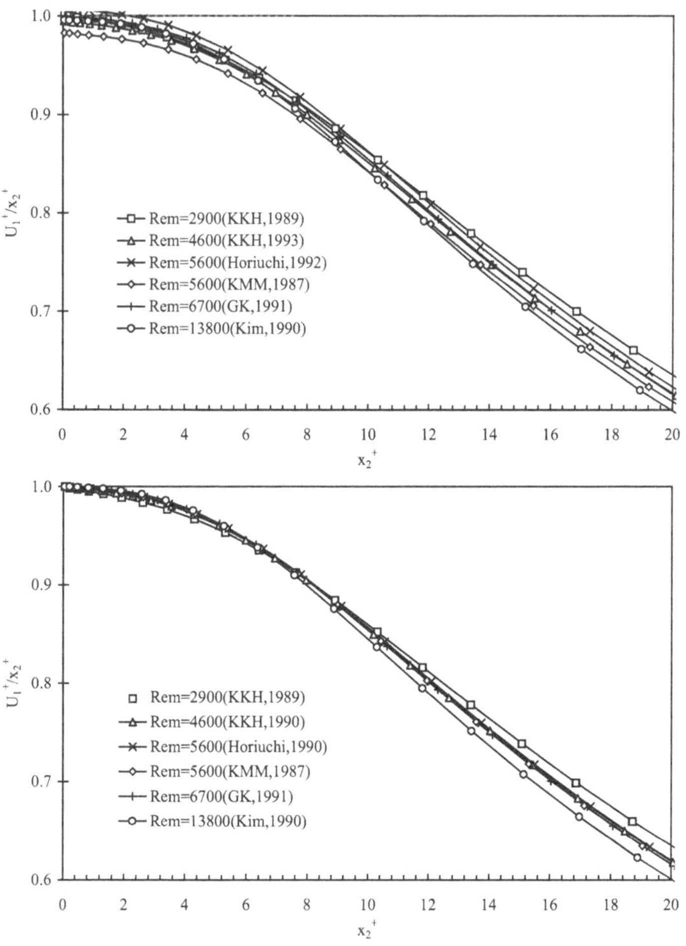

Abbildung 4.14: Werte der mit dem Wandabstand normierten mittleren Geschwindigkeit aus DNS für verschiedene Reynoldszahlen. Oben: Orginalwerte; unten: Daten so manipuliert, dass sie der Impulsgleichung an der Wand gehorchen.

zunehmender Reyoldszahl. Durch die Überlagerung dieser beiden Effekte scheint sich am äußeren Rand der viskosen Unterschicht (bei $x_2^+ \approx 7$) näherungsweise universelles Verhalten abzuzeichnen. An dieser Stelle ist offenbar die Summe aus Druckverlustterm und

Reynoldsspannungsterm unabhängig von der Reynoldszahl.

In Analogie zur spektralen Verteilung von turbulenter Energie im Wellenzahlraum ist zu vermuten, dass ein Bereich von Wandabständen existiert, in dem sowohl die Längenskala ν/U_τ zu klein ist, um die Dynamik der Strömung zu bestimmen, als auch die bei einem Wandabstand h gegebenen äußeren Randbedingungen zu weit entfernt sind, um sich auf die turbulenten Eigenschaften auszuwirken. Damit kann für einen Bereich, in dem sowohl $y^+ >> 1$ als auch $y << h$ gilt der Gradient der mittleren Geschwindigkeit[4] weder von der Viskosität ν noch von der äußeren Abmessung h abhängen. Die einzige mögliche Kombination aus den Größen τ_w, ρ und x_2, die die Dimension eines Geschwindigkeitsgradienten hat, lautet:

$$\frac{\partial \overline{U}_1}{\partial x_2} \propto \frac{\sqrt{\tau_w/\rho}}{x_2} = \frac{u_\tau}{x_2}. \tag{4.21}$$

Der Gradient des mittleren Strömungsfeldes ist Voraussetzung für die Produktion von Turbulenzenergie. In der Abbildung 4.15 sind die aus den Messungen bestimmten mittleren Geschwindigkeitsgradienten für die untersuchten Reynoldszahlen aufgetragen. Durch

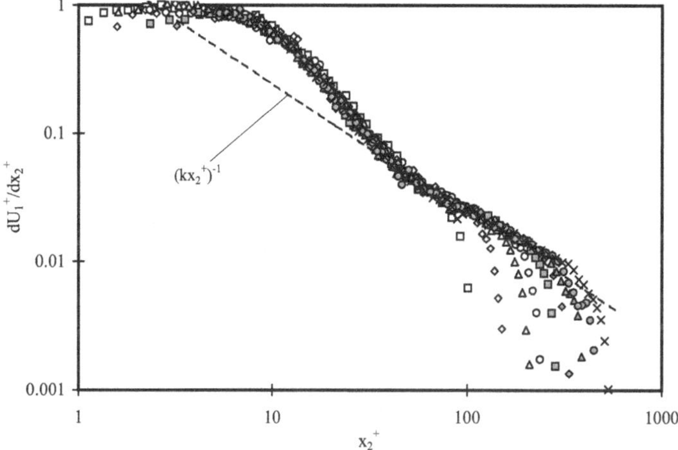

Abbildung 4.15: Aus dem experimentellen Daten bestimmte mittlere Geschwindigkeitsgradienten für verschiedene Reynoldszahlen.

einen Vergleich mit der Funktion $1/(\kappa x_2^+)$ kann die Gültigkeit von Gleichung 4.21 untersucht werden. Ab $Re_m \approx 5000$ folgt jede Kurve näherungsweise zwischen $x_2^+ \approx 50$ und $x_2/h \approx 1/2$ dem theoretischen Verlauf für den logarithmischen Bereich $dU_1/dx_2 = 1/(\kappa x_2^+)$. Bei weiterer Annäherung an die Kanalmitte steigen die Gradienten zunächst

[4]Die mittlere Geschwindigkeit selbst kann nicht bestimmt werden, da die Addition einer Konstante zur mittleren Geschwindigkeit den Impulstransport nicht beeinflusst.

etwas über die des logarithmischen Gesetzes an, um dann – gemäß der äußeren Randbedingung – im Zentrum des Kanals zu verschwinden.

Durch die Integration von Gleichung 4.21 in x_2-Richtung erhält man die Gleichung für die mittlere Geschwindigkeit:

$$U_1^+ = \frac{1}{\kappa} ln x_2^+ + B \tag{4.22}$$

Die Konstanten κ und B in Gl. 4.22 müssen durch das Experiment bestimmt werden. Sie werden in der Literatur für glatte Wände meist mit $0.4 < \kappa < 0.41$ und $5.0 < B < 5.5$ eingegrenzt.

In Abbildung 4.12 (unten) ist für jede der Kurven die Gerade $U_1^+ = \frac{1}{0.41} \ln x_2^+ + 5.5$ eingetragen. Während bei kleineren Reynoldszahlen der Geschwindigkeitsverlauf in keinem Strömungsbereich durch diese Gleichung genähert werden kann, wird mit zunehmender Reynoldszahl ein immer größerer Anteil des Strömungsprofils durch das logarithmische Geschwindigkeitsgesetz gut wiedergegeben. Hierbei kann man einen leichten Trend zu einer Verminderung der Konstante B mit zunehmender Reynoldszahl erkennen. Oberhalb von $Re_m = 10000$ lassen sich die Daten im logarithmischen Wandbereich sehr gut mit $B = 5.5$ wiedergeben. Die Analyse der Ergebnisse aus Direkter Numerischer Simulation für turbulente Kanalströmung führt zu den gleichen Aussagen (siehe auch Kasagi and Shikazono, 1994).

4.3.2 Turbulente Schwankungen

In Abbildung 4.16 sind die gemessenen Profile der mittleren Schwankungen vor und nach der Anwendung der Messvolumenkorrekturen (3.11) gezeigt. Alle gemessenen Kurven zeigen ein Maximum, welches in der Mitte des Übergangsbereiches bei etwa $x_2^+ = 13$ liegt. Deutlich ist zu erkennen, dass der Einfluss der endlichen Auflösung des Messvolumens in der Nähe der Wand am stärksten ist, sich jedoch sogar auf die Größe und Position des Maximums auswirken kann. Dies bestätigt nochmals, dass bei der Nichtbeachtung von Messvolumeneffekten falsche Schlussfolgerungen über die wandnahe Turbulenz gezogen würden. Ein Vergleich der korrigierten Messkurven mit den Resultaten aus Direkter Numerischer Simulation in Abbildung 4.16 (unten) ergibt, dass beide Datensätze weitgehend übereinstimmen. Allerdings weisen die experimentell bestimmten Maximalwerte von u'^+ eine etwas geringere Abhängigkeit von der Reynoldszahl auf als die numerisch berechneten.

Nun soll auf ein Charakteristikum turbulenter wandgebundener Strömungen eingegangen werden, dessen Ursache nicht unmittelbar einsichtig ist. Mit größer werdenden Reynoldszahlen bildet sich in den turbulenten Schwankungsgrößen neben dem Maximum im Übergangsbereich eine „Schulter" oberhalb von etwa $y^+ = 100$ heraus. Eine Ursache für die erhöhten Werte der turbulenten kinetischen Energie könnte eine Erhöhung der Produktionsrate P_k^+ sein, die das Produkt aus der Reynoldsspannung $\overline{u_1^+ u_2^+}$ und dem Gradienten der mittleren Geschwindigkeit ist. Außerhalb des unmittelbaren Wandbereiches lässt sich die Reynoldsspannung durch:

$$-\overline{u_1^+ u_2^+} = 1 - \frac{x_2}{h} \tag{4.23}$$

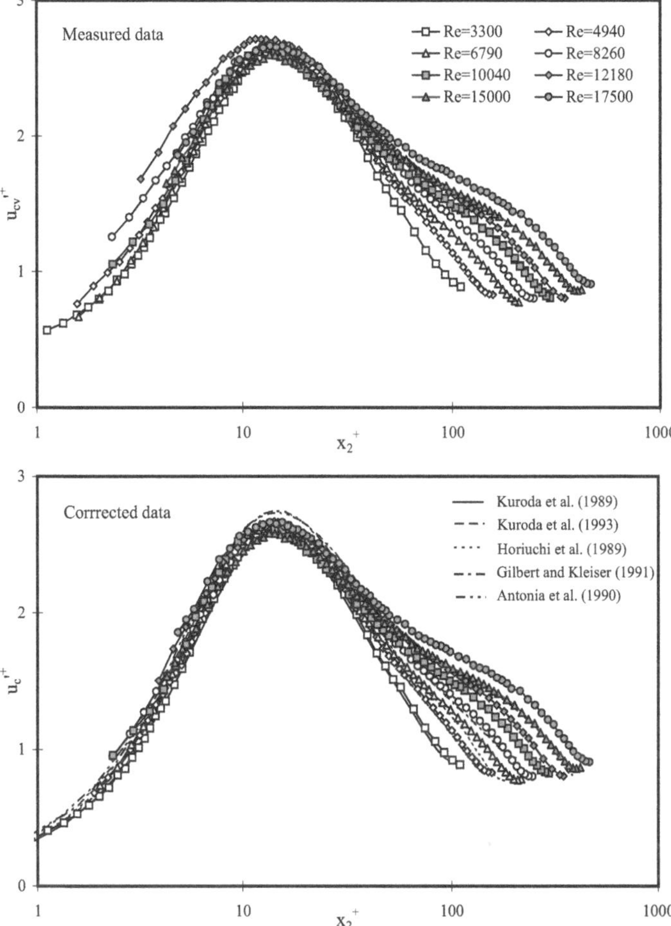

Abbildung 4.16: Gemessene (oben) und durch Gleichung (3.11) korrigierte (unten) turbulente RMS-Werte für verschiedene Reynoldszahlen.)

nähern und der mittlere Geschwindigkeitsgradient mit

$$\frac{dU_1^+}{dx_2^+} = -\frac{1}{\kappa x_2^+} \tag{4.24}$$

angeben, wodurch sich die Produktionsrate zu

$$P_k^+ = \frac{1}{x_2^+} - \frac{1}{Re_\tau} \tag{4.25}$$

ergibt. Dies bedeutet, dass für jeden Wandabstand im logarithmischen Bereich die Produktionsrate mit zunehmender Reynoldszahl bis zu einem Grenzwert von $P_k^+ = 1/x_2^+$ ansteigt. Dies kann für die Auftragung der turbulenten kinetischen Energie wie in Abbildung 4.16 eine Verschiebung zu höheren gemessenen Schwankungswerte mit zunehmender Reynoldszahl erklären, jedoch nicht die Herausbildung einer „Schulter". Dies wird verursacht durch die erhöhten Geschwindigkeitsgradienten beim Übergang vom logarithmischen in den Kernbereich der Strömung. Dieser Sachverhalt wurde bereits anhand von Abbildung 4.15 erläutert.

Verhalten auf der Kanalmitte

Abbildung 4.16 zeigt, dass die gemessenen Schwankungswerte $u_1'^+$ im Zentrum Werte zwischen 0.8 und 0.9 annehmen. Um das Verhalten $u_1'^+$ auf der Kanalmitte genauer zu untersuchen, wurden in (Durst *et al.* 1998*a*) Turbulenzgrade aus verschiedenen experimentellen und numerischen Studien als Funktion der Reynoldszahl miteinander verglichen. Dies ist in Abbildung 4.17 (oben) dargestellt. Die durchgezogene Linie in Abbildung 4.17 repräsentiert einen Schwankungswert von $u_1'^+ = 0.78$ und entspricht dem Verhalten, welches aus den Messungen in Abschnitt 4.2 für den Bereich $5000 \leq Re_c \leq 12000$ ermittelt wurde. Aus Abbildung 4.17 kann man zu dem Schluss kommen, dass die turbulenten Schwankungen bei einer Darstellung in inneren Variablen skalieren, während sie bei Normierung mit der mittleren Geschwindigkeit auf Kanalmitte (Abbildung 4.17 unten) deutlich von der Reynoldszahl abhängt. Dies ist überraschend, da demnach die Turbulenzintensität ausgerechnet auf der Kanalmitte, also an der Position der äußeren Randbedingungen, vollständig durch die Eigenschaften der mittleren Strömung an der Kanalwand bestimmt wäre. Eine Konsequenz aus diesem Verhalten wäre, dass es möglich wäre, aus der Messung der turbulenten Schwankungen in Kanalmitte auf sehr einfache Weise die Wandschubspannung zu berechnen (Durst *et al.* 1998*a*). Betrachtet man sich allerdings die im Rahmen der vorliegenden Untersuchung ermittelten Werte für u'^+ für Reynoldszahlen oberhalb von 10000 (Abbildung 4.16), so fällt auf, dass diese mit zunehmender Reynoldszahl leicht ansteigen, was im Widerspruch zu dem aus Abbildung 4.17 abgeleiteten Verhalten steht. Ursache für diese Diskrepanz könnte sein, dass das aus den Untersuchungen von Abschnitt 4.2.2 ermittelte Tripping-Verhältnis von 15% für die größten untersuchten Reynoldszahlen zu groß ist, dass also die Strömung an der Messposition den vollentwickelten Zustand noch nicht erreicht hat. Um diese Frage zu klären, sind in Abbildung 4.18 die gemessenen Turbulenzgrade zwischen $Re_c = 10000$ und $Re_c = 30000$ für verschiedene Tripping-Verhätnisse aufgetragen. Hierbei ist zu beachten, dass die vertikale Diagrammachse sehr fein aufgelöst wurde, um die Unterschiede zwischen den Messungen sehr stark zu betonen. Betrachtet man sich die höchsten untersuchten Reynoldszahlen ($Re_c \approx 30000$), so fällt in der Tat auf, dass die niedrigsten Schwankungswerte bei Tripping-Verhältnissen von etwa 10% gemessen werden, während die für die Profilmessungen eingestellten 15% bereits wieder zu einer Erhlöhung der Schwankungswerte fürhren und damit einen Indikator für eine Nicht-Vollentwicklung darstellen. Allerdings fallen die Kurven für $Trip = 10\%$ und $Trip = 15\%$

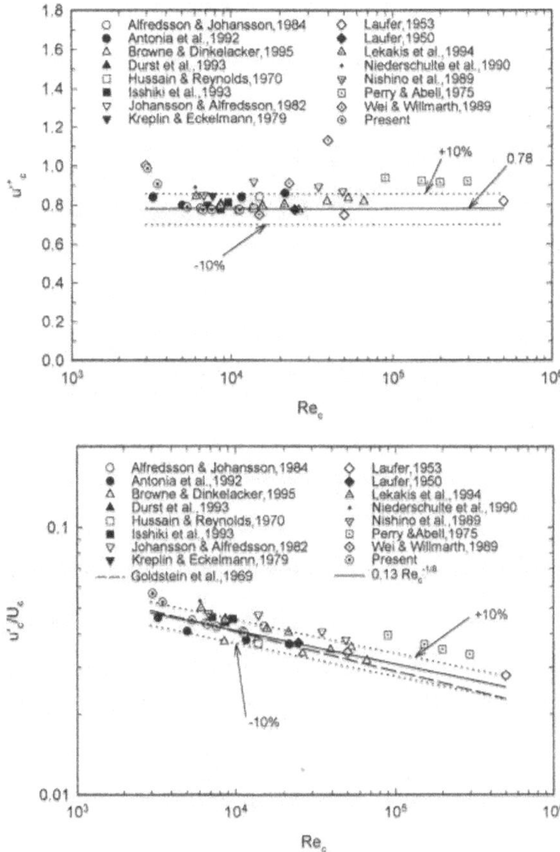

Abbildung 4.17: Übersicht über gemessene Schwankungswerte auf der Kanalmitte aus der Literatur (Durst *et al.* 1998*a*).

für alle Reynoldszahlen, bei denen in der vorliegenden Untersuchung Strömungsprofile aufgenommen wurden ($Re_c < 25000$), nahezu aufeinander. Damit ist klar, dass eine unvollständige Entwicklung das Ansteigen von $u_c'^+$ nicht erklären kann. Offenbar ist also die Gesätzmäßigkeit $u_c'^+ \approx const.$ nur in einem Bereich mittlerer Reynoldszahlen erfüllt. Sowohl bei kleineren als auf bei größeren Reynoldszahlen ist die Turbulenzintensität größer. Bei kleinen turbulenten Reynoldszahlen liegt die Kanalmitte in inneren Variablen noch sehr nahe an dem Gebiet, in dem das Maximum der Turbulenzproduktion vorliegt. Durch

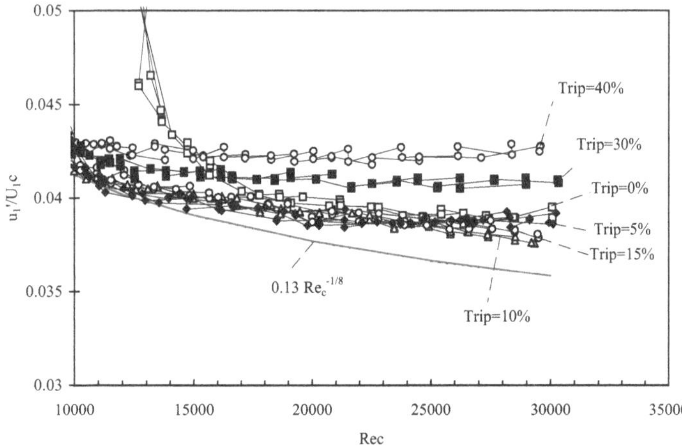

Abbildung 4.18: Turbulenzgrad in Abhängigkeit von der Reynoldszahl für verschiedene Tripping-Verhältnisse.

turbulente Diffusion kann daher ein beträchtlicher Teil der dort produzierten Energie zur Kanalmitte transportiert werden. Dieser Austausch von Schwankungsenergie kann auch die reduzierten Schwankungswerte des u'^{+}-Maximums bei $x_2^+ \approx 13$ erklären. Mit einer Erhöhung der Reynoldszahl verschwindet diese Wechselwirkung zwischen Kanalmitte und dem Bereich maximaler Turbulenzproduktion zunehmend, u'^{+} wird daher auf der Kanalmitte kleiner und im Bereich maximaler Turbulenzproduktion größer. Im Grenzfall großer Reynoldszahlen hingegen steigen die Schwankungen auf der Kanalmitte mit der Reynoldszahl an. Damit ergibt sich das Verhalten $u_c'^{+} \approx const.$ im Bereich $5000 < Re < 10000$ aus der Überlagerung zweier gegenläufiger Trends und kann nicht zu einer Wandschubspannungsbestimmung bei höheren Reynoldszahlen herangezogen werden.

Verhalten im unmittelbar wandnahen Bereich

Besondere Aufmerksamkeit soll in der vorliegenden Arbeit dem Grenzverhalten der Schwankungsgrößen bei Annäherung an die Wand gewidmet werden, da dieses einen Einblick in die Dynamik wandnaher Turbulenz zu geben verspricht. Insbesondere der Turbulenzgrad an der Wand

$$\lim_{x_2 \to 0} \frac{u_1'}{\overline{U}_1} \tag{4.26}$$

wird Gegenstand der folgenden Analyse sein. Unter Verwendung der Taylorreihenentwicklung für die Momentangeschwindigkeiten nahe der Wand

$$\begin{aligned} u_1 &= a_1 x_2 + a_2 x_2^2 + \cdots \\ u_2 &= + b_2 x_2^2 + \cdots \\ u_3 &= c_1 x_2 + c_2 x_2^2 + \cdots \end{aligned} \tag{4.27}$$

kann gezeigt werden, dass die turbulente Dissipationsrate an der Wand durch

$$(\epsilon)_{\mathrm{w}} = \nu(\overline{a_1^2} + \overline{c_1^2}) \tag{4.28}$$

gegeben ist. Mit Hilfe der Daten aus Direkter Numerischer Simulation turbulenter Kanalströmung kann gezeigt werden, dass die Schwankungskomponente in Hauptströmungsrichtung etwa 75% zur Dissipationsrate an der Wand beiträgt (Kim *et al.*, 1987; Antonia *et al.*, 1992):

$$(\epsilon)_{\mathrm{w}} \approx 1.3\nu\overline{a_1^2}. \tag{4.29}$$

Deshalb ist es durch die Messung der Größen

$$(\overline{a_1^{+2}})^{1/2} = \lim_{x_2 \to 0} \frac{u_1'}{\overline{U}_1}, \qquad a_1^+ = \frac{a_1 \nu}{u_\tau^2} \tag{4.30}$$

möglich, den Einfluss der Reynoldszahl auf $(\epsilon)_{\mathrm{w}}$ zu studieren.

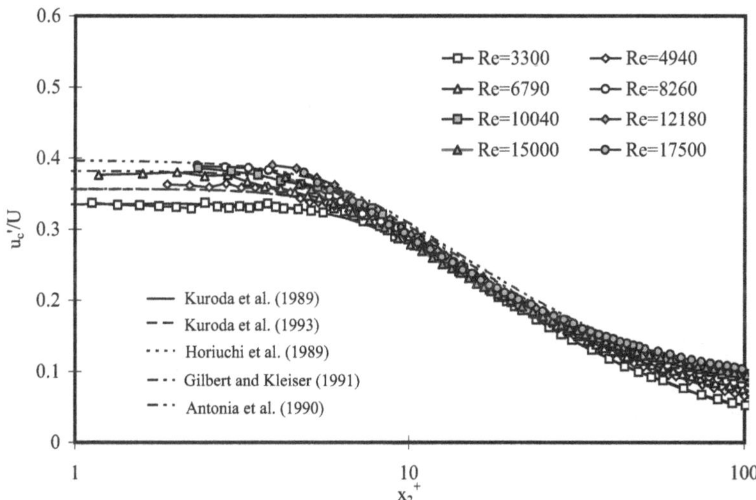

Abbildung 4.19: Grenzverhalten der turbulenten Schwankungsintensität im wandnahen Bereich bei verschiedenen Reynoldszahlen.

Abbildung 4.19 zeigt die Verteilungen von $u_1'/\overline{U}_1$ in der Nähe der Wand bei verschiedenen Reynoldszahlen. Der Wandgrenzwert des Turbulenzgrades wächst von $Re_m = 3300$ bis $Re_m = 17500$ um etwa 17% an. Abbildung 4.19 zeigt zudem, dass der Trend der experimentellen Daten in Übereinstimmung mit den Ergebnissen aus Direkter Numerischer Simulation ist. Da die gemessenen Reynoldszahlabhängigkeiten wesentlich größer sind als die zu erwartenden Ungenauigkeiten aus den Messvolumenkorrekturen (siehe Abschnitt 3.1), kann klar auf einen physikalischen Ursprung der beobachteten Variation der turbulenten Schwankungen und damit auch der Dissipationsrate an der Wand mit der Reynoldszahl geschlossen werden. Im nächsten Abschnitt (4.4) wird gezeigt werden, dass die Ursache für diese Veränderungen in der Bestimmungsgleichung für die turbulente Dissipationsrate zu finden ist.

4.3.3 Momente höherer Ordnung

Die Verteilungen der gemessenen Skewness- und Flatnessfaktoren sind in Abbildung 4.20 aufgetragen. Diese Größen beschreiben die Einzelheiten der Wahrscheinlichkeitsdichteverteilung. In wandnahen Strömungen unterscheiden sie sich deutlich von denen einer Gaußschen Verteilung. Sehr nahe an der Wand nimmt der Skewness-Faktor positive Werte ($S_1 \approx 1.0$) und der Flatness-Faktor Werte deutlich oberhalb von 3 an ($F_1 \approx 4.5$). Dies entspricht dem dem Auftreten überdurchschnittlich großer Geschwindigkeitsabweichungen zu höheren Geschwindigkeiten hin. Im Kernbereich der Strömung hingegen kommt es zu negativen Werten der Skewness in Verbindung mit Flatness-Werten, die wiederum oberhalb von 3 liegen. Das Verhalten in beiden Bereichen kann mit einem Austausch von Fluid durch relativ seltene Ereignisse erklärt werden. Fluid hoher Geschwindigkeit dringt hin und wieder aus dem Kernbereich der Strömung in den wandnahen Bereich ein. Ebenso kommt es offenbar zum Anwachsen von wandnahen Strömungsstrukturen, die zeitweise zu einer Verminderung der Geschwindigkeit im Kernbereich der Strömung führen. Die zugrunde liegenden Vorgänge werden in Abschnitt 5.1 ausführlich diskutiert werden.

4.4 Analyse von Reynoldszahleinflüssen

Der Einfluss der Reynoldszahl auf die Turbulenz spiegelt sich in den Termen der Energiegleichung und der Dissipationsgleichung wider. Zur Erklärung und Quantifizierung dieser Effekte kann die Analyse von Daten aus Direkter Numerischer Simulation beitragen, da diese statistische Größen liefert, die experimentell unzugänglich sind.

4.4.1 Energiebilanz

In Abschnitt 4.3 wurde bei den experimentellen Untersuchungen ein deutlicher Einfluss der Reynoldszahl auf die wandnahen turbulenten Fluktuationen festgestellt. Die Intensität der turbulenten Schwankungen wird durch die turbulente kinetische Energie $k = 1/2\overline{u_s u_s}$

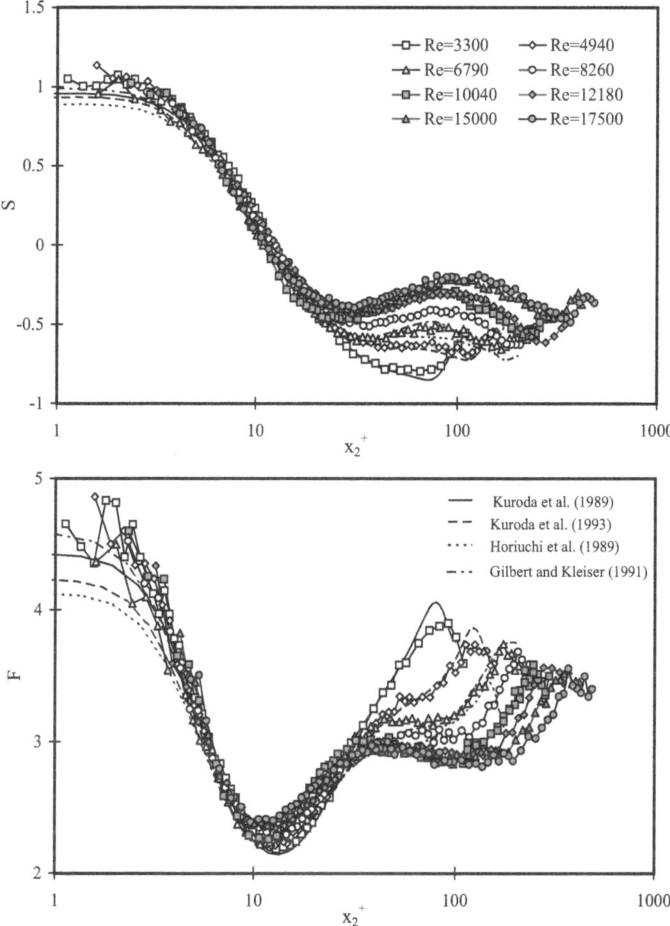

Abbildung 4.20: Verteilung der Skewness (oben) und Flatness (unten) für verschiedene Reynoldszahlen.

beschrieben. k wird durch die folgende Differentialgleichung bestimmt:

$$\frac{\partial k}{\partial t} + \overline{U}_k \frac{\partial k}{\partial x_k} = \underbrace{-\overline{u_i u_k}\frac{\partial \overline{U}_i}{\partial x_k}}_{P_k} \underbrace{-\frac{1}{2}\frac{\partial}{\partial x_k}\overline{u_s u_s u_k}}_{T_k} \underbrace{-\frac{1}{\rho}\frac{\partial}{\partial x_i}\overline{p u_i}}_{\Pi_k} \underbrace{-\nu\overline{\frac{\partial u_i}{\partial x_k}\frac{\partial u_i}{\partial x_k}}}_{\epsilon} + \underbrace{\nu\frac{\partial^2 k}{\partial x_k \partial x_k}}_{D_k}. \tag{4.31}$$

Da im Falle einer vollentwickelten Kanalströmung der zeitabhängige und der konvektive Term auf der linken Seite von Gleichung (4.31) verschwinden, ist die Energiebilanz aus dem Zusammenspiel von Produktion (P_k), turbulentem Transport (T_k), Drucktransport (Π_k), Dissipation (ϵ) und viskoser Diffusion (D_k) definiert. Die Produktion von turbulenter Energie geht hierbei aus der Ankopplung der Reynoldsspannungen an das mittlere Geschwindigkeitsfeld hervor. Alle Energie, die über den gesamten Strömungsquerschnitt erzeugte wurde, wird durch ϵ in Wärmeenergie überführt. Hieraus folgt, dass das räumliche Integral über die Summe aus beiden Termen zu Null werden muss:

$$\int_0^H (P_k - \epsilon)\, dx_2 = 0. \tag{4.32}$$

Die übrigen Terme auf der rechten Seite von Gleichung (4.31) beschreiben den Transport von Energie senkrecht zur Hauptströmungsrichtung. So führt eine Krümmung der kinetischen Energie zu einer Übertragung von Energie durch viskose Kräfte (D_k). Zudem wird durch die Kopplung der Geschwindigkeitsfluktuationen an das Druckfeld bzw. an das Schwankungsfeld selbst Energie transportiert (Π_k bzw. T_k).

Möchte man den Ursprung von Reynoldszahlabhängigkeiten in k^+ hinterfragen, bietet sich eine Analyse der verschiedenen Bestandteile der Energiegleichung an. Für diesen Zweck wurden Daten aus numerischen Berechnungen von Kim *et al.* (1987), Kuroda *et al.* (1989, 1993), Horiuchi (1990), Gilbert & Kleiser (1991) und Antonia *et al.* (1992) für die fünf verschiedenen Reynoldszahlen Re_m=2900, 4600, 5600, 6700 und 13800 verwendet. In Abbildung 4.21 sind die einzelnen Terme aus Gleichung (4.31) für die genannten Datensätze aufgezeigt.

Da jegliche turbulente Schwankungsenergie zunächst einmal erzeugt werden muss, bevor sie in andere Strömungsbereiche transportiert oder dissipiert werden kann, soll hier zunächst der Produktionsterm genauer betrachtet werden. Unter Verwendung der mittleren Impulsgleichung (4.18) für eine vollentwickelte Kanalströmung kann der Produktionsratenterm wie folgt ausgedrückt werden:

$$P_k^+ = \frac{d\overline{U}_1^+}{dx_2^+} - \frac{x_2^+}{Re_\tau}\frac{d\overline{U}_1^+}{dx_2^+} - \left(\frac{d\overline{U}_1^+}{dx_2^+}\right)^2. \tag{4.33}$$

Hierbei ist $Re_\tau = u_\tau h/\nu$ die mit der halben Kanalhöhe und der Schubspannungsgeschwindigkeit gebildete Reynoldszahl. Während der erste und dritte Term in Gleichung (4.33) weitgehend unabhängig von der Reynoldszahl sind, zeigt der zweite Term, durch den Druckgradienten in Hauptströmungsrichtung verursacht wird, eine explizite Abhängigkeit von der Reynoldszahl. Dieser Ausdruck führt selbst im wandnahen Gebiet zu einer Verminderung der Produktionsrate bei kleinen Reynoldszahlen. Dieser Sachverhalt kann analysiert werden, indem man die Produktion aus Gleichung (4.33) mit der Produktion ohne den Term $-\frac{x_2^+}{Re_\tau}\frac{d\overline{U}_1^+}{dx_2^+}$ vergleicht. Letztere entspricht der Energieerzeugung, die man in einer turbulenten Grenzschichtströmung oder für große Reynoldszahlen im wandnahen Bereich einer turbulenten Kanalströmung erhält. Für diesen Fall lässt sich der Maximalwert von P_k^+ auf analytischem Wege ermitteln, da im Maximum $\frac{dP_k^+}{dx_2^+} = 0$ gelten muss. Anwendung dieser Bedingung auf Gleichung (4.33) zeigt, dass das Produktionsmaximum

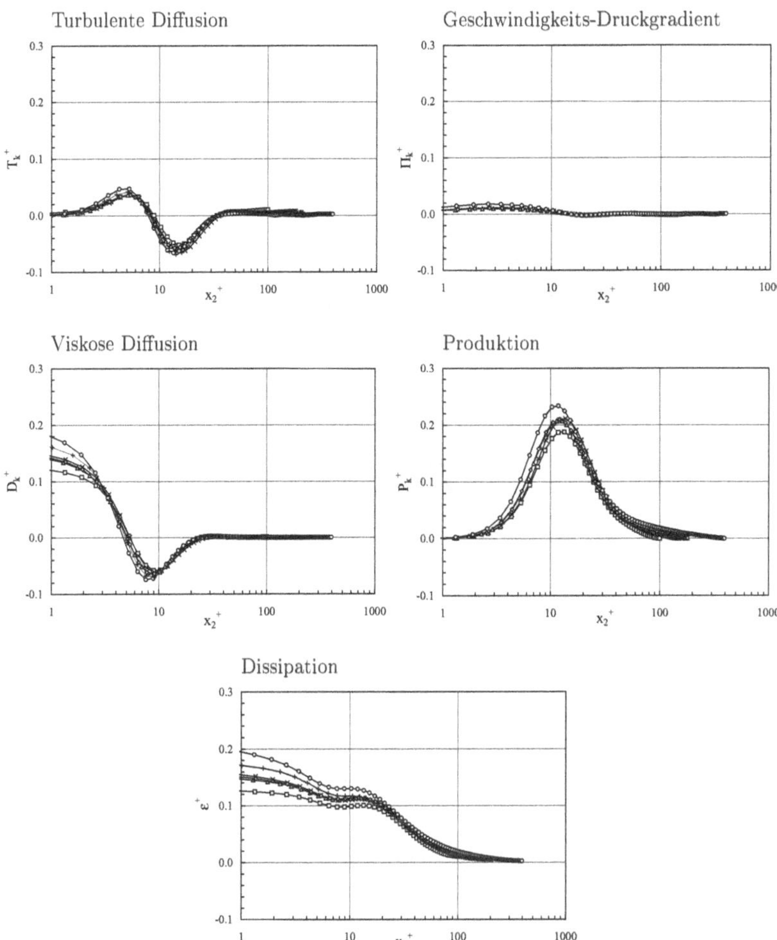

Abbildung 4.21: Bilanz der turbulenten kinetischen Energie in ebener Kanalströmung für verschiedene Reynoldszahlen. □, Kuroda *et al.* (1989), $Re_m = 2900$; △, Kuroda *et al.* (1993), $Re_m = 4600$; ×, Horiuhi (1990), $Re_m = 5600$; ◇, Kim *et al.* (1987), $Re_m = 5600$; +, Gilbert & Kleiser (1991), $Re_m = 6700$; ○, Antonia *et al.* (1992), $Re_m = 13800$.

dort liegt, wo der Gradient der mittleren Geschwindigkeit auf die Hälfte abgefallen ist ($\frac{\partial \overline{U}_1}{\partial x_2} = 1/2$). Der Maximalwert von P_k^+ ergibt sich damit zu 1/4. Der Vergleich zwischen der Produktion bei kleinen und großen Reynoldszahlen ist in Abbildung 4.22

$$P_{k,\mathrm{norm}} = \frac{P_k}{P_k\Big|_{\substack{Re_\tau \to \infty \\ x_2/h \to 0}}} = \frac{\frac{d\overline{U}_1^+}{dx_2^+} - \frac{x_2^+}{Re_\tau}\frac{d\overline{U}_1^+}{dx_2^+} - \left(\frac{d\overline{U}_1^+}{dx_2^+}\right)^2}{\frac{d\overline{U}_1^+}{dx_2^+} - \left(\frac{d\overline{U}_1^+}{dx_2^+}\right)^2} \tag{4.34}$$

dargestellt. Im Kernbereich der Strömung überrascht die starke Abhängigkeit der Pro-

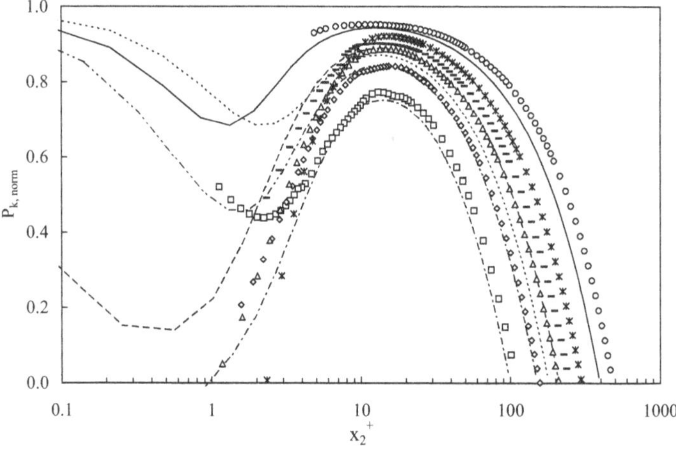

Abbildung 4.22: Verteilung der normierten Produktionsrate aus Gleichung (4.34) für verschiedene Reynoldszahlen. Numerische Ergebnisse: ···, Kuroda *et al.* (1989), $Re_m = 2900$; -··-··-··-··-, Kuroda *et al.* (1993), $Re_m = 4600$; -·-·-·-·-·-, Horiuhi (1990), $Re_m = 5600$; ----, Kim *et al.* (1987), $Re_m = 5600$; – – – –, Gilbert & Kleiser (1991), $Re_m = 6700$; ——, Antonia *et al.* (1992), $Re_m = 13800$. Experimentelle Ergebnisse: □, $Re_m = 3300$; ◇, $Re_m = 4940$; △, $Re_m = 6790$; —, $Re_m = 8260$; ×, $Re_m = 10040$, ○, $Re_m = 17500$.

duktionsrate von der Reynoldszahl nicht, da dort eine Skalierung mit inneren Variablen nicht zu erwarten ist. Im wandnahen Bereich hingegen muss sich P_k, sobald die äußeren Skalen keinen Einfluss mehr haben, zu einem Plateau mit dem Wert 1 entwickeln. Doch auch dort, wo die Produktionsrate am größten ist (bei $x_2 \approx 15$), ist ein kontinuierliches Anwachsen von P_k mit steigender Reynoldszahl zu beobachten. Da es somit selbst für die größten durch Experiment und numerische Berechnungen untersuchten Reynoldszahlen nicht zur Ausbildung eines Plateaus in Wandnähe kommt, ist davon auszugehen, dass die

Skalierung der fluktuierenden Größen mit inneren Variablen erst bei deutlich größeren Reynoldszahlen gewährleistet ist.

Da nun der Mechanismus für Reynoldszahleinflüsse auf die Erzeugung turbulenter kinetischer Energie in Wandnähe erfasst ist, verbleibt die Aufgabe, die Interaktion der verschiedenen Terme in Gleichung (4.31), die in Abbildung 4.21 aufgetragen sind, zu verstehen. Die turbulente Diffusion und der Geschwindigkeits-Druckgradient zeigen vergleichsweise kleine Abhängigkeiten von der Reynoldszahl, scheinen also eher die Auswirkungen der Veränderung der anderen Terme zu spüren, als dass sie selbst eine physikalische Ursache für Variationen von k^+ beinhalten würden. Die Diskussion wird sich somit im Folgenden auf die letzten drei Terme von Gleichung (4.31) beschränken.

Außerhalb des unmittelbaren Wandbereiches, also für $x_2^+ > 15$, geht der Anstieg des Produktionsterms mit einem Anstieg der Dissipationsrate einher. Dies entspricht der Erwartung, dass im Inertialbereich die Produktion der Dissipationsrate über die Näherungsbeziehung $P_\epsilon \sim \epsilon/kP_k$ direkt mit P_k gekoppelt ist.

Im unmittelbaren Wandbereich ($x_2^+ < 2$) halten sich näherungsweise die viskose Diffusion und die Dissipationsrate die Waage. Die Reynoldszahlabhängigkeit der Produktionsrate allein kann das experimentell beobachtete Verhalten des Wandgrenzwertes des Turbulenzgrades nicht erklären, da P_k an der Wand verschwindet. Aus Abbildung 4.21 wird ersichtlich, dass durch den viskosen Transport dem Bereich, in dem die Produktion ihr Maximum und ihre größte Reynoldszahlabhängigkeit hat, Energie entzogen wird und der viskosen Unterschicht zugeführt wird. Diese an die Wand transportierte Energie wird dort schließlich in Wärme überführt. Nach dem hier Dargestellten könnte man also zu dem Schluss kommen, dass die oben diskutierte Reynoldszahlabhängigkeit der Produktionsrate P_k^+ die Reynoldszahlabhängigkeit der Dissipationsrate und damit auch des Turbulenzgrades an der Wand vollständig erklärt. Demnach wäre die einzige Funktion der Dissipationsrate, an der Wand all das in Wärme umzuwandeln, was über die viskose Diffusion an die Wand transportiert wird. ϵ würde somit lediglich eine passive Rolle spielen und auf Variationen der anderen Terme reagieren. Die Gültigkeit dieser Vermutung kann überprüft werden, indem man zum Vergleich eine Strömungskonfiguration ohne Druckgradient heranzieht, da dort keine Abhängigkeit der Turbulenzproduktion in Wandnähe vorliegt. Dies ist gegeben für eine turbulente zweidimensionale Grenzschichtströmung ohne Druckgradient. Für diese Strömung wurden von Spalart (1988) Berechnungen Direkter Numerischer Simulation für die drei verschiedenen Reynoldszahlen $R_\theta \simeq 300, 670$ and 1410 durchgeführt. $R_\theta = U_\infty \theta/\nu$ ist hierbei definiert durch die Geschwindigkeit in der Außenströmung (U_∞) und die Impulsverlustdicke (θ). In Abbildung 4.23 sind die verschiedenen Terme der Energiebilanz aufgetragen. Wie erwartet ist die turbulente Produktion - im Gegensatz zur Kanalströmung - im gesamten wandnahen Bereich (für $x_2^+ < 80$) universell. Dennoch zeigt die Dissipationsrate (und damit auch die viskose Diffusion) an der Wand für den untersuchten Bereich eine Reynoldszahlabhängigkeit von etwa 20%. Aus diesem Vergleich von Kanal- und Grenzschichtströmung kann nun die Schlussfolgerung gezogen werden, dass die Abhängigkeit des Turbulengrades an der Wand neben dem Druckgradienten von einem weiteren physikalischen Prozess beeinflusst sein muss. Die Ursache für diesen Prozess ist in der Dissipationsrate selbst zu suchen. Anschaulich formuliert stellt die Dissipationsrate an der Wand eine Energiesenke dar, und die Effizienz dieser Senke

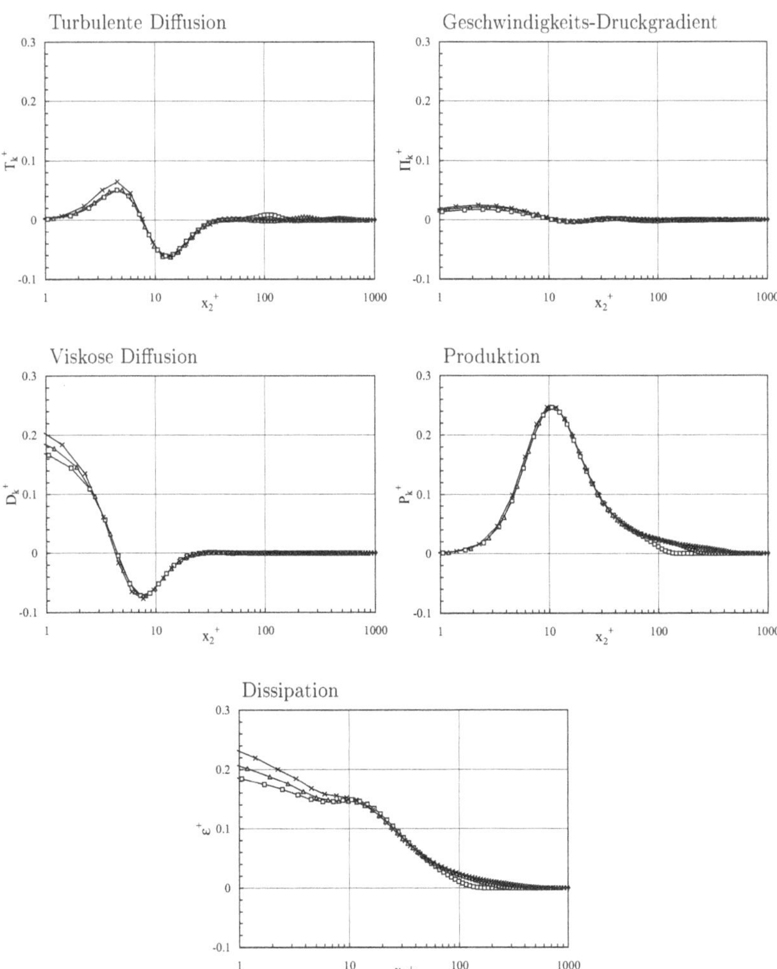

Abbildung 4.23: Bilanz der turbulenten kinetischen Energie in turbulenter Grenzschichtströmung für verschiedene Reynoldszahlen. □, Spalart (1988), $R_\theta = 300$; △, Spalart (1988), $R_\theta = 670$; ×, Spalart (1988), $R_\theta = 1410$.

hängt von der Reynoldszahl ab. Je wirksamer dort Energie in Wärme überführt wird, desto mehr wird über viskose Wechselwirkung aus dem Gebiet nachgeliefert, in dem die Energie produziert wird.

4.4.2 Anwendung der Anisotropie-Invariantentheorie

Die Analyse von Reynoldszahleinflüssen auf die Anisotropie der Schwankungskorrelationen ist von Interesse, da sie Einblicke in das dynamische Verhalten der Turbulenz in der Nähe der Wand liefern kann.

Im Folgenden werden die Implikationen der Invarianten-Theorie auf die Modellierung turbulenter Strömungen skizziert. Um spätere Erklärungen der Reynoldszahlabhängigkeiten von Turbulenzgrößen nahe der Wand weiter zu unterstützen, sollen die Druck-Spannungskorrelationen betrachtet werden. Sie haben einen umverteilenden Charakter und sind somit verantwortlich für den Austausch von turbulenter Energie zwischen den Geschwindigkeitskomponenten. Aus diesem Grund kontrollieren diese Wechselbeziehungen das Wachstum bzw. das Schrumpfen der turbulenten Anisotropie.

Die Gleichungen für die Reynoldsspannungen $\overline{u_i u_j}$

$$\frac{\partial \overline{u_i u_j}}{\partial t} + \overline{U}_k \frac{\partial \overline{u_i u_j}}{\partial x_k} = \underbrace{-\overline{u_j u_k}\frac{\partial \overline{U}_i}{\partial x_k} - \overline{u_i u_k}\frac{\partial \overline{U}_j}{\partial x_k}}_{P_{ij}}$$
$$\underbrace{-\frac{\partial \overline{u_i u_j u_k}}{\partial x_k}}_{T_{ij}} \underbrace{-\frac{1}{\rho}[\overline{u_j \frac{\partial p}{\partial x_i}} + \overline{u_i \frac{\partial p}{\partial x_j}}]}_{\Pi_{ij}} \underbrace{-2\nu \overline{\frac{\partial u_i}{\partial x_k}\frac{\partial u_i}{\partial x_k}}}_{-2\epsilon_{ij}} + \underbrace{\nu \frac{\partial^2 \overline{u_i u_j}}{\partial x_k \partial x_k}}_{D_{ij}} \quad (4.35)$$

haben eine ähnliche Struktur wie die Gleichungen für die turbulente Energie. Der deutlichste Unterschied zu Gleichung (4.31) besteht im Auftreten von Korrelationstermen Π_{ij} zwischen dem Druck und den Geschwindigkeitsgradienten, die zu einer Umverteilung turbulenter Energie zwischen den Schwankungskomponenten führen und damit die Turbulenzanisotropie beeinflussen. Dies wird deutlich, wenn man den Geschwindigkeits-Druckgradienten folgendermaßen umformt:

$$\Pi_{ij} = -\frac{1}{\rho}[\overline{u_j \frac{\partial p}{\partial x_i}} + \overline{u_i \frac{\partial p}{\partial x_j}}] = \underbrace{-\frac{1}{\rho}[\frac{\partial}{\partial x_j}\overline{pu_i} + \frac{\partial}{\partial x_i}\overline{pu_j}]}_{\text{Drucktransport}} + \underbrace{\frac{1}{\rho}\overline{p\left(\frac{\partial u_i}{\partial x_j} + \frac{\partial u_i}{\partial x_j}\right)}}_{\text{Umverteilung}}. \quad (4.36)$$

Die Umverteilung von Schwankungsenergie wird durch die Druck-Scherkorrelationen (letzter Term in Gleichung (4.36)) bewirkt.

Unter Verwendung der Poissongleichung für das Druckschwankungsfeld

$$\frac{1}{\rho}\frac{\partial^2 p}{\partial x_i \partial x_i} = \underbrace{-2\frac{\partial u_k}{\partial x_i}\frac{\partial \overline{U}_i}{\partial x_k}}_{\text{schnell}} \underbrace{-\frac{\partial^2}{\partial x_k \partial x_k}(u_k u_i - \overline{u_k u_i})}_{\text{langsam}}, \quad (4.37)$$

können die Druck-Scherratenkorrelationen weiter aufgespalten werden in einen „schnellen“ und in einen „langsamen“ Anteil[5], die mit dem ersten und zweiten Ausdruck auf der rechten Seite von Gleichung (4.37) verbunden werden können. Lumley & Newman (1977) verwendeten die experimentellen Daten von Comte-Bellot & Corrsin (1966) und setzten die Invarianten-Theorie zusammen mit den Realisierbarkeitsbedingungen („realizability conditions“) ein, um das Grenzverhalten des langsamen Anteils der Druck-Scherratenkorrelationen zu untersuchen. Sie fanden heraus, dass diese Wechselbeziehungen bei kleinen Reynoldszahlen zunächst ansteigen um dann zu unendlich hohen Reynoldszahlen hin abzufallen. Sich stützend auf diese Erkenntnisses von Lumley & Newman (1977) kann man die beobachteten Veränderungen von Π_{ij} nahe der Wand auf das Verhalten des langsamen Anteils der Geschwindigkeits-Druckgradientenkorrelationen bei kleinen Reynoldszahlen zurückführen.

Anhand der in Abbildung 4.24 eingetragenen DNS-Daten von Gilbert & Kleiser (1991) können die wesentlichen Grundzüge wandgebundener Strömungen studiert werden. Die Anisotropie steigt - beginnend an der Wand - zunächst in Richtung des rechten Eckpunktes der Karte an, welche den Zustand einkomponentiger Turbulenz charakterisiert. Am äußeren Rand der viskosen Unterschicht (bei etwa $x_2 = 8$) erreichen die Werte der Invarianten (II_a) und (III_a) ihr Maximum, um hierauf parallel zur rechten Begrenzung der Invarianten-Karte zu verlaufen, die den Zustand axialsymmetriescher Turbulenz charakterisiert. Mit Erreichen der Kanalachse verschwindet die Anisotropie nahezu und zeigt damit die Tendenz hin zu isotropen Bedingungen auf.

In den Abbildungen 4.25 und 4.26 wurden die verfügbaren Daten aus Direkter Numerischer Simulation turbulenter Kanal- und Grenzschichtströmung in die Invariantenkarte eingetragen, um die Auswirkung von Reynoldszahländerungen auf die Turbulenz-Anisotropie verschiedener Strömungsbereiche studieren zu können.

Die Daten aus numerischer Simulation zeigen zwei bemerkenswerte Trends, die sich klar abzeichnen (siehe auch Fischer *et al.* 2000*a* und Fischer *et al.* 2000*b*):

- Im unmittelbar wandnahen Bereich sinkt die Anisotropie mit ansteigender Reynoldszahl. Somit tendieren die Invarianten, die entlang des Zweikomponentenlimits liegen, zu einer Bewegung in Richtung des linken Eckpunktes der Anisotropie-Karte, welcher den Zustand isotroper Zweikomponententurbulenz beschreibt.
- Im Übergangsbereich und im Bereich logarithmischer Strömung folgen die Invarianten eng der rechten Grenze der Anisotropie-Karte, der dem Zustand axialsymmetrischer Turbulenz entspricht. Die Daten aus Abbildung 4.25 implizieren, dass es mit einer Zunahme der Reynoldszahl eine Neigung der Daten gibt, sich in Richtung der Geraden für Zweikomponententurbulenz zu verschieben.

4.4.3 Bilanz der Dissipationsrate

Indem man die Änderungen des dynamischen Verhaltens von Turbulenz in der Invariantenkarte berücksichtigt, kann man die Modellierung der turbulenten Dissipationsrate

[5] Die beiden Terme wechseln verschieden schnell auf Änderungen der Umgebungsbedinungen und lassen sich daher entkoppelt behandeln.

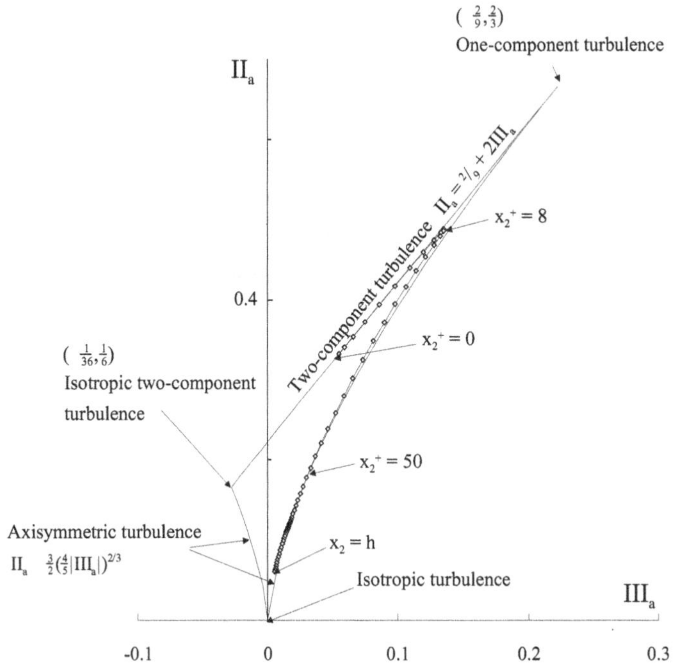

Abbildung 4.24: Anisotropie-Invarianten-Karte und Daten turbulenter Kanalströmung von Gilbert & Kleiser (1991).

verbessern und den Einfluss der Reynoldszahl in Wandnähe studieren.

Allgemeine Betrachtungen

Durch geeignete Kombination der Gleichungen für die turbulenten Schwankungskomponenten erhält man die Gleichung für die Dissipationsrate:

$$\frac{\partial \epsilon}{\partial t} + \overline{U}_k \frac{\partial \epsilon}{\partial x_k} = \underbrace{-2\nu \overline{\frac{\partial u_i}{\partial x_l} \frac{\partial u_i}{\partial x_k}} \frac{\partial \overline{U}_i}{\partial x_k} - 2\nu \overline{\frac{\partial u_i}{\partial x_k} \frac{\partial u_i}{\partial x_l}} \frac{\partial \overline{U}_k}{\partial x_l}}_{P_\epsilon^1 + P_\epsilon^2} \underbrace{-2\nu \overline{u_k \frac{\partial u_i}{\partial x_l}} \frac{\partial^2 \overline{U}_i}{\partial x_k \partial x_l}}_{P_\epsilon^3}$$

$$\underbrace{-2\nu \overline{\frac{\partial u_i}{\partial x_l} \frac{\partial u_k}{\partial x_l} \frac{\partial u_i}{\partial x_k}}}_{P_\epsilon^4} \underbrace{-\nu \frac{\partial}{\partial x_k} [\overline{u_k \frac{\partial u_i}{\partial x_l} \frac{\partial u_i}{\partial x_l}}]}_{T_\epsilon} \underbrace{-\frac{2\nu}{\rho} \overline{\frac{\partial u_i}{\partial x_l} \frac{\partial^2 p}{\partial x_l \partial x_l}}}_{\Pi_\epsilon}$$

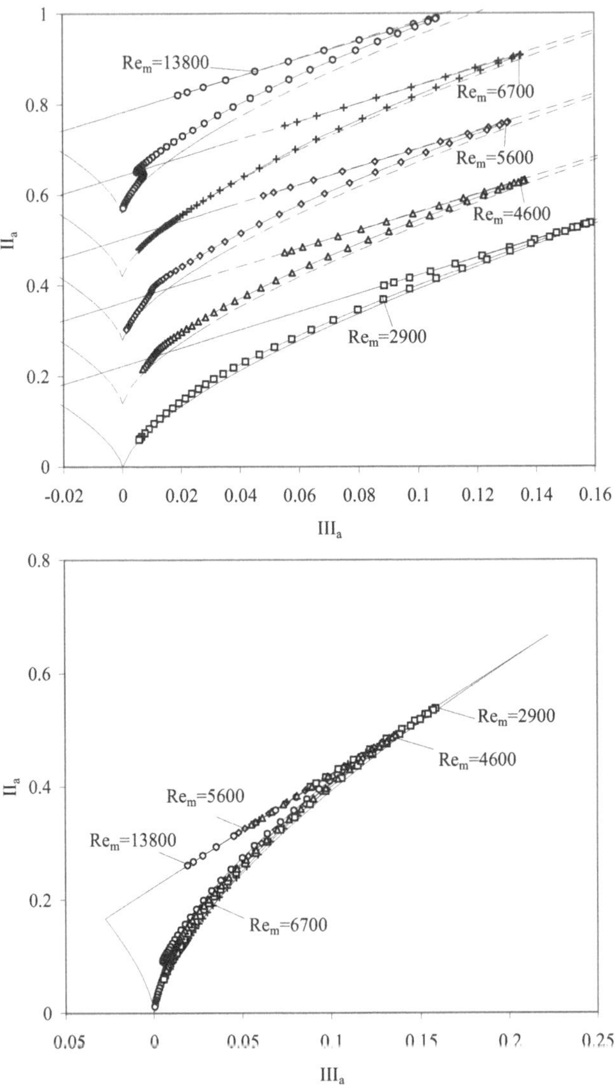

Abbildung 4.25: Daten turbulenter Kanalströmung aus DNS für verschiedene Reynoldszahlen, eingetragen in die Anisotropie-Invarianten-Karte.

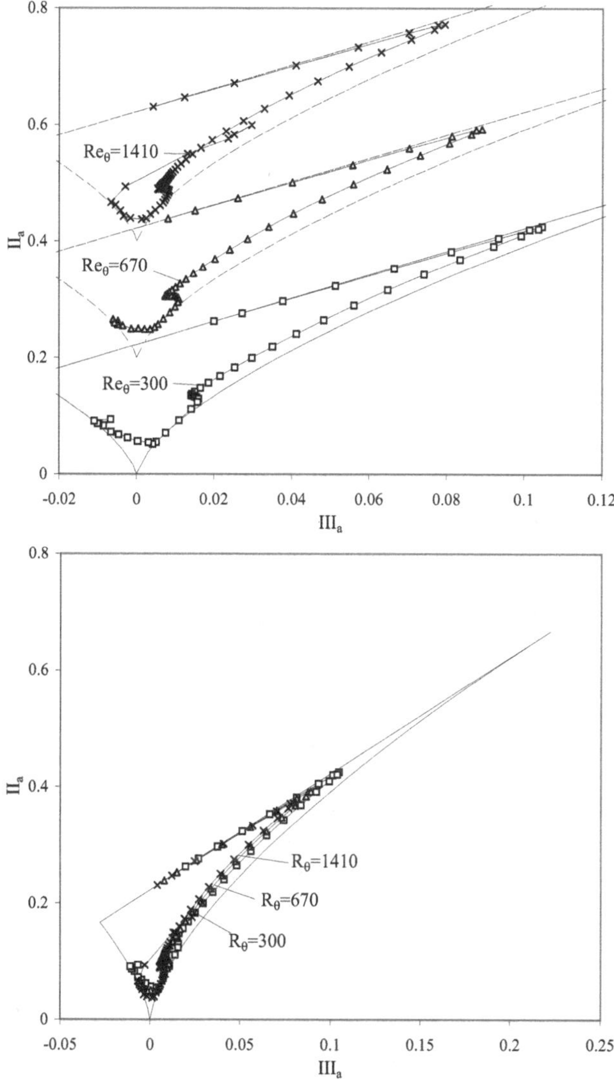

Abbildung 4.26: Daten turbulenter Grenzschichtströmung aus DNS für verschiedene Reynoldszahlen, eingetragen in die Anisotropie-Invarianten-Karte.

$$\underbrace{-2\nu^2\overline{\frac{\partial^2 u_i}{\partial x_l \partial x_n}\frac{\partial^2 u_i}{\partial x_l \partial x_n}}}_{D_\epsilon}\underbrace{+\nu\frac{\partial^2 \epsilon}{\partial x_k \partial x_k}}_{-\Upsilon}. \quad (4.38)$$

Hierbei bezeichnet ϵ die Spur des Dissipationsratentensors ϵ_{ij}, $P_\epsilon^1 + P_\epsilon^2$ die Produktion von ϵ durch Wechselwirkung mit der Hauptströmung, P_ϵ^3 und P_ϵ^4 die Produktion durch gegenseitiges Wirbelfadenstrecken der Turbulenzelemente, T_ϵ den turbulenten Transport, Π_ϵ den Drucktransport, D_ϵ den viskosen Transport und Υ die viskose Vernichtung. Wie bereits bei der k-Gleichung werden auch hier die beiden Terme auf der linken Seite von Gleichung 4.38, die die zeitliche Änderung und die Konvektion beschreiben, aufgrund der Vollentwicklung zu Null.

Es existiert nur ein numerischer Datensatz der die Aufgliederung der turbulenten Dissipationsrate für eine turbulente Kanalströmung beinhaltet. In Abbdildung 4.27 ist die Bilanz der Dissipationsrate für die Daten von Gilbert und Kleiser (1991) abgebildet.

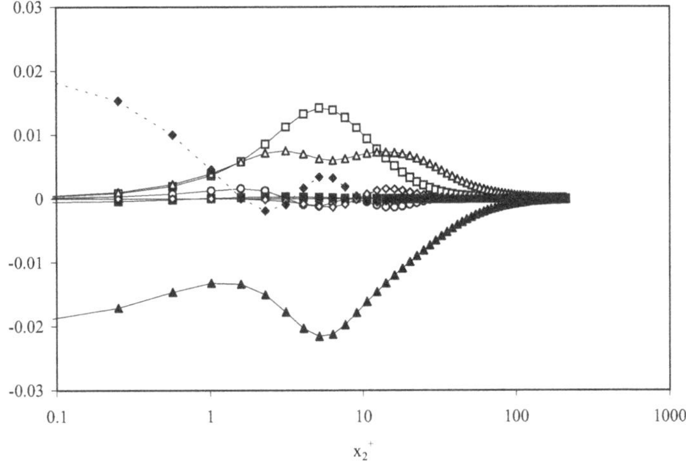

Abbildung 4.27: Bilanz der turbulenten Dissipationsrate in der ebener Kanalströmung für $Re_m = 6700$ (Gilbert & Kleiser, 1991). Offene Symbole: □, $P_\epsilon^1 + P_\epsilon^2$; ◇, P_ϵ^3; △, P_ϵ^4; ○, T_ϵ . Gefüllte Symbole: □,Π_ϵ; ◇,D_ϵ; △,Υ.

Da die Inhomogenität der Strömung, die vor allem in Wandnähe auftritt, die Dissipationsrate beeinflusst, ist es wünschenswert, die Dissipationsrate in einen homogenen und einen inhomogenen Anteil zu zerlegen. Dies kann formal durch die Anwendung der Zweipunktkorrelationstechnik erreicht werden. Folgt man diesem - in Abschnitt 2.3 dargestellten - Formalismus, kann man durch die Anwendung von kinematischen Betrachtungen zeigen, dass sich der Dissipationstensor ϵ_{ij} umformen lässt zu:

$$\epsilon_{ij} = \nu \overline{\frac{\partial u_i}{\partial x_k} \frac{\partial u_i}{\partial x_k}} = \underbrace{\frac{1}{4} \nu \Delta_x \overline{u_i u_j}}_{\text{inhomogen}} \underbrace{- \nu (\Delta_\xi \overline{u_i u_j'})_0}_{\text{homogen}}. \tag{4.39}$$

Der inhomogene Anteil von ϵ_{ij} ist vor allem in wandgebundenen Strömungen von großer Bedeutung: Er nimmt an der Wand denselben Wert wie der homogene Anteil an und trägt damit 50 % zur gesamten Dissipationsrate bei. Außerhalb des unmittelbaren Wandbereichs fällt der Beitrag des inhomogenen Terms sehr schnell auf Null ab. Der homogene Teil von ϵ_{ij} hängt von der Viskosität und von der Krümmung der Zweipunktkorrelation im Grenzfall verschwindenden Abstandes zwischen beiden Punkten ab. Da der inhomogene Anteil von ϵ_{ij} explizit mit den statistischen Größen des Geschwindigkeitsfeldes verbunden ist, muss lediglich der homogene Anteil modelliert werden. Beide Anteile der turbulenten Dissipationsrate $\epsilon = \frac{1}{2} \nu \Delta_x k + \epsilon_h$ sind in Abbildung 4.28 für den Fall einer turbulenten Kanalströmung skizziert.

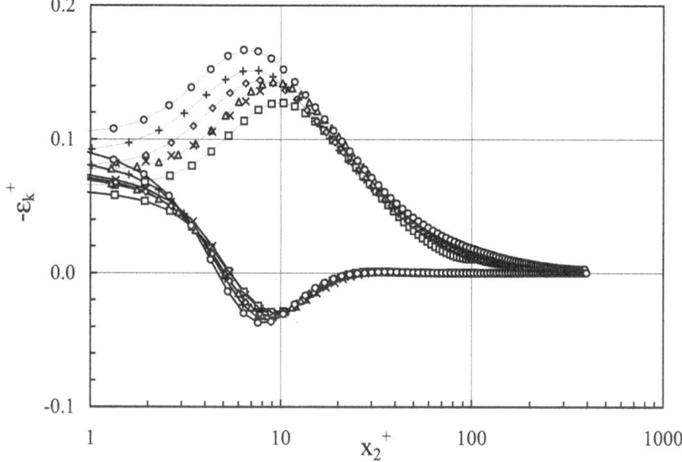

Abbildung 4.28: Aufteilung der turbulenten Dissipationsrate in einen homogenen (gestrichpunktete Linien) und in einen inhomogenen Anteil (durchgezogene Linien). Symbole wie in Abbildung 4.21.

Wendet man die Zweipunkt-Korrelationstechnik an und berücksichtigt die kinematischen Zwangsbedinungen und die Kontinuitätsgleichung, so können die Komponenten des homogenen Anteils des Dissipationstensors analytisch durch ihre Spur $-\nu(\Delta_\xi \overline{u_s u_s'})_0$ und durch die Geschwindigkeitskorrelation zweiter Ordnung $\overline{u_i u_j}$ (siehe Chou 1945; Kolovandin &

Vatutin 1972; Jovanović, Ye & Durst 1992) ausgedrückt werden. Daher ist es interessant, die Gleichung für den homogenen Anteil der Dissipationsrate $-\nu(\Delta_\xi \overline{u_s u_s'})_0$ zu betrachten:

$$\begin{aligned}
-\nu\frac{\partial}{\partial t}(\Delta_\xi \overline{u_s u_s'})_0 - \nu\overline{U}_k\frac{\partial}{\partial x_k}(\Delta_\xi \overline{u_s u_s'})_0 &= \nu[(\Delta_\xi \overline{u_k u_s'})_0 + (\Delta_\xi \overline{u_s u_k'})_0]\frac{\partial \overline{U}_s}{\partial x_k} + \frac{\nu}{4}[2\overline{u_s u_k}\Delta_x\frac{\partial \overline{U}_s}{\partial x_k} \\
&+(\Delta_x \overline{U}_k)\frac{\partial}{\partial x_k}\overline{u_s u_s}] + \nu[(\frac{\partial}{\partial \xi_l}\overline{u_s u_k'})_0 - (\frac{\partial}{\partial \xi_l}\overline{u_k u_s'})_0]\frac{\partial^2 \overline{U}_s}{\partial x_l \partial x_k} + 2\nu(\frac{\partial^2}{\partial \xi_l \partial \xi_k}\overline{u_s u_s'})_0\frac{\partial \overline{U}_k}{\partial x_l} \\
&+\frac{\nu}{2}\frac{\partial}{\partial x_k}[(\Delta_\xi \overline{u_s u_k u_s'})_0 + (\Delta_\xi \overline{u_s u_s' u_k'})_0] + \nu[\Delta_\xi\frac{\partial}{\partial \xi_k}(\overline{u_s u_s' u_k'} - \overline{u_s u_k u_s'})]_0 + \frac{\nu}{2\rho}\frac{\partial}{\partial x_s}[(\Delta_\xi \overline{p u_s'})_0 \\
&+(\Delta_\xi \overline{u_s p'})_0] - \frac{\nu}{\rho}[\Delta_\xi\frac{\partial}{\partial \xi_s}(\overline{p u_s'} - \overline{u_s p'})]_0 - 2\nu^2(\Delta_\xi\Delta_\xi \overline{u_s u_s'})_0 - \frac{1}{2}\nu^2\Delta_x(\Delta_\xi \overline{u_s u_s'})_0
\end{aligned} \tag{4.40}$$

Für lokal homogenene Turbulenz kann obige Gleichung folgendermaßen vereinfacht werden (Jovanović *et al.* 1995):

$$\begin{aligned}
-\nu\frac{\partial}{\partial t}(\Delta_\xi \overline{u_s u_s'})_0 - \nu\overline{U}_k\frac{\partial}{\partial x_k}(\Delta_\xi \overline{u_s u_s'})_0 &= 2\nu(\Delta_\xi \overline{u_k u_s'})_0\frac{\partial \overline{U}_s}{\partial x_k} \\
+\frac{\nu}{4}[2\overline{u_s u_k}\Delta_x\frac{\partial \overline{U}_s}{\partial x_k} + (\Delta_x \overline{U}_k)\frac{\partial}{\partial x_k}\overline{u_s u_s}] &+ 2\nu(\frac{\partial^2}{\partial \xi_l \partial \xi_k}\overline{u_s u_s'})_0\frac{\partial \overline{U}_k}{\partial x_l} \\
\underbrace{+\frac{\nu}{2}\frac{\partial}{\partial x_k}[(\Delta_\xi \overline{u_s u_k u_s'})_0 + (\Delta_\xi \overline{u_s u_s' u_k'})_0]}_{\text{DNS-Daten zeigen, dass dieser Term } \neq 0} &+\nu[\Delta_\xi\frac{\partial}{\partial \xi_k}(\overline{u_s u_s' u_k'} \\
-\overline{u_s u_k u_s'})]_0 - 2\nu^2(\Delta_\xi\Delta_\xi \overline{u_s u_s'})_0 &- \frac{1}{2}\nu^2\Delta_x(\Delta_\xi \overline{u_s u_s'})_0.
\end{aligned} \tag{4.41}$$

Die Näherungsbeziehung (4.41) für den homogenen Anteil der Dissipationsrate beinhaltet ausschließlich Ableitungen von Zweipunktkorrelationen der Geschwindigkeit. Auch die Ableitungen von Geschwindigkeitskorrrelationen dritter Ordnung bleiben in Gleichung (4.41) erhalten, da sich aus der Analyse von DNS-Daten zeigte (Jovanović *et al.* 1995), dass es nicht möglich ist, die Anwendung der Annahme lokaler Homogenität für die Korrelationen zu rechtfertigen.

Jovanović *et al.* (1996) verwendeten die Zweipunktkorrelationstechnik und die Invariantentheorie, um den homogenen Anteil der Dissipationsrate ϵ_h zu schließen. Hierbei wurde der Einfluss von Strömungsinhomogenität und Anisotropie der turbulenten Schwankungen sowie die untergeordnete Rolle der Deformation der mittleren Geschwindigkeit auf die Dynamik von ϵ diskutiert. Aus der Berücksichtigung des Grenzfalls lokal isotroper Turbulenz und der Anpassung an den Fall des lokalen Gleichgewichtes in wandgebundenen Strömungen konnte eine physikalisch konsistente Modellierung erstellt werden. Die kritische Bewertung der Schließungsannahmen im Vergleich mit Datensätzen aus Direkter Numerischer Simulation für eine Vielzahl von turbulenten Scherströmungen ergab gute Übereinstimmung. Es stellte sich heraus, dass die Ergebisse im Einklang mit der Annahme Lumleys (1978) stehen, dass die Anisotropie der Turbulenz eine wichtige Rolle im Haushalt der Dissipationsrate spielt. Auch wurde die These von Hanjalić & Launder (1980) unterstützt, dass ein Term in der Dissipationsratenbilanz dem Einfluss der mittleren Strömungsdeformation Rechnung tragen sollte.

Turbulenzmodellierung nach Jovanović *et al.* (1996)

Im weiteren Verlauf sollen die in der Studie von Jovanović *et al.* (1996) erhaltenen Resultate verwendet werden, um den Einfluss der Reynoldszahl auf die modellierten Größen im Detail zu untersuchen. Hierfür sei zunächst die modellierte Form der Gleichung angeführt, welche näherungsweise den homogenen Teil der Dissipationsrate bestimmt:

$$\frac{\partial \epsilon_h}{\partial t} + \overline{U}_k \frac{\partial \epsilon_h}{\partial x_k} = \overbrace{-2A\frac{\epsilon_h \overline{u_k u_s}}{k}\frac{\partial \overline{U}_s}{\partial x_k} - 2B\sqrt{5\nu\epsilon_h}S_{ik}\frac{\partial \overline{U}_i}{\partial x_k}}^{\text{Produktionsterme}} - \overbrace{\psi\frac{\epsilon_h^2}{k}}^{\text{Senkenterm}}$$
$$+ \underbrace{-\frac{7\sqrt{3}}{180}\frac{\partial}{\partial x_k} J f_\epsilon \frac{\epsilon_h}{k}\overline{q^2 u_k}}_{\text{Transportterm}} + \underbrace{\frac{1}{2}\nu\Delta_x\epsilon_h}_{\text{Term viskoser Vernichtung}} \quad . \tag{4.42}$$

Der homogene Anteil der Dissipationsrate ϵ_h ist direkt verbunden mit der Taylorschen Mikroskala λ, da $\epsilon_h = 5\nu q^2/\lambda^2$.

Der Grundgedanke dieser Modellierung von ϵ_h ist die Beschreibung der einzelnen Glieder der Dissipationsgleichung durch bekannte Korrelationen und durch dimensionslose Funktionen A, B, ψ und J, die im Grenzfall hoher Reynoldszahlen vollständig durch die Anisotropie der Turbulenz definiert sind. Im Fall kleiner Reynoldszahlen können diese zusätzlich eine Abhängigkeit von der turbulenten Reynoldszahl aufweisen. Die Informationen über das Verhalten der dimensionslosen Funktionen können zum einen aus analytischen Betrachtungen, zum anderen aus der Analyse einer Vielzahl numerischer Datensätze gewonnen werden. Diese Ergebnisse werden im Folgenden für die verschiedenen Terme von Gleichung 4.42 zusammengefasst (siehe auch Abbildung 4.29).

Die ersten beiden Glieder auf der rechten Seite von Gleichung (4.42) beschreiben die Produktion von ϵ_h durch den Gradienten der mittleren Geschwindigkeit. Zunächst werde der Hauptterm der Produktion betrachtet:

$$-2A\frac{\epsilon_h}{k}\underbrace{\overline{u_k u_l}\frac{\partial \overline{U}_k}{\partial x_l}}_{-P_k}, \quad A = A(II_a, III_a, R_\lambda), \quad R_\lambda = \frac{\lambda q}{\nu}. \tag{4.43}$$

Im Grenzfall zweikomponentiger Turbulenz nimmt die Funktion A unabhängig von der Reynoldszahl den Wert 1 an. Dies liegt daran, dass die Anisotropie der Geschwindigkeitsschwankungen an der Wand gleich der Anisotropie der Elemente des Dissipationsratentensors ist. Für verschwindende Anisotropie hingegen liegt eine deutliche Abhängigkeit von der Reynoldszahl vor. So nimmt A bei sehr großen Reynoldszahlen in enger Übereinstimmung mit Kolmogorov's (1941) Theorie für lokalisotrope Turbulenz den Wert Null an, während sich die Funktion zu sehr kleinen Reynoldszahlen hin dem Wert 1 annähert. Der zusätzliche Produktionsterm in Gleichung (4.42)

$$-2B\sqrt{5\nu\epsilon_h}S_{ik}\frac{\partial \overline{U}_i}{\partial x_k}, \quad B = B(II_a, III_a) \tag{4.44}$$

berücksichtigt den sekundären Einfluss des drehungsfreien Anteiles der mittleren Strömungsdeformation

$$S_{ik} = \frac{\partial \overline{U}_i}{\partial x_k} + \frac{\partial \overline{U}_k}{\partial x_i} \tag{4.45}$$

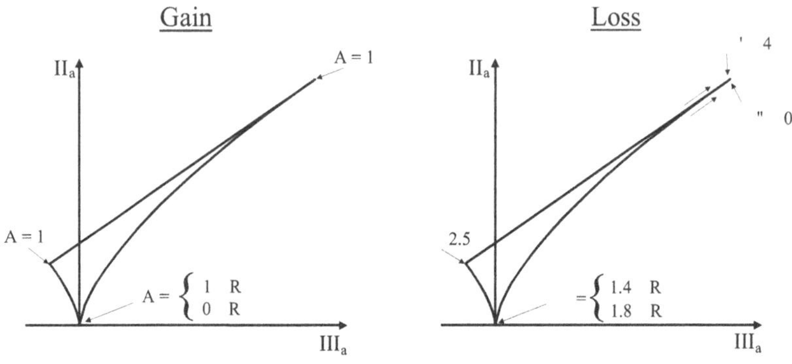

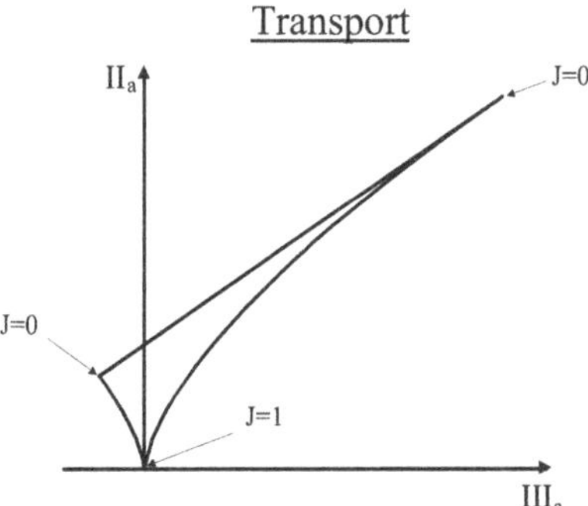

Abbildung 4.29: Grenzwerte der Invariantenfunktionen A, ψ und J für die verschiedenen Turbulenzzustände (Jovanović *et al.* 1996).

auf die Dynamik von ϵ_h. Der Wert der Invariantenfunktion B wird zu Null für zweikomponentige und axialsymmetrische Turbulenz, d.h. entlang der Grenzen der Anisotropieinvariantenkarte. Da der zusätzliche Produktionsterm (4.44) unter Verwendung der Beziehung $\epsilon_h = 5\nu q^2/\lambda^2$ zu $20\frac{k}{R_\lambda}S_{ik}\frac{\partial \overline{U}_i}{\partial x_k}$ umgeformt werden kann, ist zu erwarten, dass dieser Ausdruck die Dynamik der Dissipationsrate im Übergangsgebiet wandgebundener Strömungen bei kleineren Reynoldszahlen beträchtlich beeinflusst. Bei größeren Reynoldszahlen hingegen ist der Einfluss der zusätzlichen Produktionsrate vernachlässigbar.

Das dritte Glied auf der rechten Seite von Gleichung (4.42)

$$-\psi\frac{\epsilon_h^2}{k}, \quad \psi = \psi(II_a, III_a, R_\lambda) \tag{4.46}$$

ist eine Annäherung der Differenz zwischen der turbulenten Produktion $\nu[\Delta_\xi \partial/\partial\xi_k(\overline{u_s u_s^{'} u_k^{'}} - \overline{u_s u_k u_s^{'}})]_0$ und der viskosen Vernichtung $2\nu^2(\Delta_\xi \Delta_\xi \overline{u_s u_s^{'}})_0$, welche die beiden dominierenden Terme in der ϵ_h-Gleichung sind. Gemäß der Methode, die ersmtals von Davydov (1961) angewendet wurde, sind diese Terme ausschließlich durch die Gesetze für das Abklingen von Gitterturbulenz bestimmt. Im Grenzfall einkomponentiger Turbulenz scheint sich aus der Analyse von DNS-Daten eine Singularität an dieser Stelle abzuzeichnen. Es ergeben sich für ψ zwei verschiedene Werte, nämlich $(\psi)_{1C}^{'} \simeq 4$ bzw. $(\psi)_{1C}^{''} \simeq 0$, je nachdem, ob man sich dem Einkomponentenzustand vom Zweikomponentenlimit bzw. vom axialsymmetrischen Zustand her nähert. Um ψ für isotrope Zweikomponententurbulenz zu bestimmen, wurden die Ergebnisse von Rogallo (1981) für homogene Turbulenz verwendet, um $(\psi)_{2C-iso.} \simeq 2.5$ zu erhalten. Für ein Verschwinden der Anisotropie erreicht ψ die bereits bekannten Ergebnisse für isotrope Turbulenz von $(\psi)_{iso.} = 1.4$ für $R_\lambda \to 0$ und $(\psi)_{iso.} = 1.8$ für $R_\lambda \to \infty$. Zusätzliche Zwangsbedingungen für ψ können durch die Betrachtung des zweidimensionalen und zweikomponentigen Zustandes formuliert werden. In diesem Zustand muss nämlich die Produktion von turbulenter Energie verschwinden, da die hierfür notwendige Wirbeldehnung nicht mehr möglich ist. Anders ausgedrückt wird in diesem zähigkeitsdominierten Bereich das integrale Längenmaß, welches in der Nähe der Wand mit dem Wandabstand skalieren muss, kleiner als das Kolomogorov'sche Längenmaß $\eta_k = (\nu^2/\epsilon_h)^{1/4}$, welches bei einer Extrapolation der Beziehungen aus dem Trägheitsbereich nur mit $x_2^{1/4}$ zur Wand hin abfällt. Dies bedeutet, dass sich in diesem Bereich die Turbulenz nicht aufrechterhalten kann, was wiederum in Übereinstimmung mit einer verschwindenden Produktion ist. Die viskose Vernichtung kann in diesem Bereich durch $(\psi)_{2C-2D} \simeq aR_\lambda$ ausgedrückt werden, da die Turbulenz in der Nähe von festen Bewandungen in vielerlei Hinsicht dem zweikomponentigen, zweidimensionalen Zustand gleicht (siehe auch Abschnitt 5.1). Der Proportionalitätsfaktor a in obiger Beziehung für $(\psi)_{2C-2D}$ konnte aus den numerischen Daten von Gilbert & Kleiser (1991) in Wandnähe zu 0.02 bestimmt werden.

Das vierte Glied auf der rechten Seite von Gleichung (4.42) trägt dem turbulenten Transport Rechnung. Während die gebräuchlichste Form der Schließung des turbulenten Transportes durch

$$\frac{\partial}{\partial x_k}(C_\epsilon \frac{k}{\epsilon_h}\overline{u_k u_l}\frac{\partial \epsilon_h}{\partial x_l}), \quad C_\epsilon \simeq 0.18 \tag{4.47}$$

gegeben ist, lässt sich unter Verwendung von Skalierungsargumenten, wie sie von Tennekes & Lumley (1972) herausgestellt wurden, die folgende alternative Schließung ableiten:

$$-\frac{7\sqrt{3}}{180}\frac{\partial}{\partial x_k} J f_\epsilon \frac{\epsilon_h}{k}\overline{q^2 u_k}, \quad J = J(II_a, III_a), \; f_\epsilon = f_\epsilon(R_\lambda). \tag{4.48}$$

Der Term 4.48 führt im Gegensatz zur konventionellen Darstellung zu einem nahezu perfekten Gleichgewicht der Dissipationsgleichung bei kleinen Reynoldszahlen.

In Abbildung 4.29 sind nocheinmal übersichtlich das asymptotische Verhalten der invarianten Funktionen A, ψ und J zusammengefasst, welche den Einfluss der Anisotropie auf den Quell-, Senken-, und Transportterm in der Bestimmungsgleichung für ϵ_h annähern. Alle physikalisch realisierbaren Turbulenzzustände auf der Invariantenkarte können durch eine Interpolation zwischen den Grenzwerten beschrieben werden. Das Interpolationsverfahren wurde bereits in Abschnitt 2.3 erläutert.

Zusammenfassend kann festgehalten werden, dass die Besonderheit der hier vorgestellten Modellierungsmethodik die Einbeziehung von Wissen über solche Turbulenzzustände ist, für welche Vereinfachungen und damit eine analytische Behandlung möglich ist. Nur zwei der fünf Terme in Gleichung (4.42) lassen einen Einfluss der Reynoldszahl in unmittelbarer Wandnähe erwarten. Diese beiden Glieder sollen nun genauer betrachtet werden.

4.4.4 Reynoldszahleffekte in unmittelbarer Wandnähe

Die Reynoldszahlabhängigkeit der Turbulenzgrößen an der Wand kann im Rahmen der Turbulenzmodellierung nach Jovanović et al. (1996) interpretiert werden.

Im Folgenden wird die Schließung der ϵ_h-Gleichung (4.42) untersucht, um die Ursache für die beobachteten Veränderungen von ϵ in der Nähe der Wand zu isolieren.

Der Quellenterm

Die Ursache für die explizite Abhängigkeit des sekundären Quellenterms der Dissipationsratengleichung $(-2B\sqrt{5\nu\epsilon_h}S_{ik}\partial\overline{U}_i/\partial x_k)$ von der Reynoldszahl wurde bereits in Verbindung mit der Schließung von Gleichung (4.38) diskutiert. Im Folgenden wird nun dieser Term detailierter betrachtet, um seine Bedeutung und Rolle in Bezug auf die Dynamik von ϵ nahe der Wand zu beleuchten.

Die Notwendigkeit für einen zusätzlichen Produktionsterm in der Dissipationsratengleichung ergiebt sich aus der Analyse der Aufteilung von ϵ_{ij} nahe der Wand. Hier stellt sich heraus, dass es beim Vergleich der analytischen Vorhersagen mit den numerischen Daten zu großen Abweichungen bezüglich des Nichtdiagonalenelementes ϵ_{12} kommt (Jovanović *et al.*, 1996). Einblick in die Gründe für dieses Verhalten von ϵ_{12} nahe der Wand gewinnt man aus der Analyse der Gleichung für die Zweipunktkorrelationen. Hieraus ergibt sich, dass die Abweichungen durch die Einführung des Tensors der mittleren Deformationsrate beseitigt werden können. Im Rahmen einer linearen Näherung des Zweipunktkorrelationstensors erhält man die Aufteilung von ϵ_{ij} zu:

$$\epsilon_{ij} = \frac{1}{4}\nu\Delta_x\overline{u_iu_j} + (\epsilon_{ii} - \frac{1}{4}\nu\Delta_x q^2)\left\{\frac{1}{3}(1-A)\delta_{ij} + A\frac{\overline{u_iu_j}}{q^2} + \underline{B\tilde{S_{ij}}}\right\}. \tag{4.49}$$

Das letzte, unterstrichene Glied in Gleichung (4.49) trägt dem Einfluss von Gradienten der mittleren Geschwindigkeit nahe der Wand Rechnung. Aufgrund der Symmetrie von ϵ_{ij} kann lediglich der rotationsfreie Anteil der mittleren Strömungdeformation zu einer Änderung der Dissipationsrate beitragen:

$$\tilde{S_{ij}} = \frac{\lambda}{q}\left(\frac{\partial\overline{U}_i}{\partial x_j} + \frac{\partial\overline{U}_j}{\partial x_i}\right). \tag{4.50}$$

In Gleichung (4.50) wurde die mittlere Strömungsdeformation S_{ij} durch die geeigneten Maße für Geschwindigkeit q und Länge λ normiert. Durch eine einfache Umformung kommt man zu folgender Beziehung:

$$B\tilde{S_{ij}} = \frac{5q^2}{R_\lambda}\frac{B}{\epsilon_h}\left(\frac{\partial\overline{U}_i}{\partial x_j} + \frac{\partial\overline{U}_j}{\partial x_i}\right), \tag{4.51}$$

welche die Auswirkung einer Variation der turbulenten Reynoldszahl auf die Dissipationsrate veranschaulicht. Mit steigender Reynoldszahl bewirkt der zusätzliche Produktionsterm also ein Anwachsen von ϵ im Übergangsbereich. An der Wand selbst jedoch verschwindet der zusätzliche Produktionsterm (4.51) wegen der Haftbedingung. Denkbar ist somit lediglich eine indirekte Einflussnahme auf ϵ über den viskosen Transport.

Der Senkenterm

Betrachtet man in Abbildung 4.29 die Grenzfälle in der Anisotropie-Invariantenkarte für die verschiedenen Invariantenfunktionen, so wird klar, dass lediglich die Funktion ψ entlang des Zweikomponentenlimits variiert. Sollte es sich herausstellen, dass es an der Wand zu einer Änderung der Anisotropie in Abhängigkeit von der Reynoldszahl kommt, würde sich hieraus eine Veränderung der Invariantenfunktion Ψ und damit eine Variation der Dissipationsrate ergeben.

Im Bereich der viskosen Unterschicht steht der Senkenterm $(-\psi\epsilon_h^2/k)$ der ϵ-Gleichung im Gleichgewicht mit der viskosen Diffusion $(1/2\nu\Delta_x\epsilon_h)$. Aus diesem Grund kann an der Wand lediglich ein Anwachsen von ψ die viskose Diffusion und damit die turbulente Dissipation selbst erhöhen. Allerdings lässt die Analyse der Veränderungen der Anisotropie einen gegensätzlichen Effekt erwarten. Dies kann veranschaulicht werden, wenn man die wandnächsten Punkte aus numerischen Berechungen turbulenter Kanalströmung in die Invariantenkarte einträgt (siehe Abbildung 4.30). Mit Ausnahme der Daten von Gilbert und Kleiser (1991) bewegen sich die Daten mit zunehmender Reynoldszahl mehr und mehr in Richtung des linken Eckpunktes der Invariantenkarte, welcher dem Grenzfall isotroper Zweikomponententurbulenz entspricht. Diese Abnahme der Anisotropie ließe eine Abnahme von ψ und damit auch von ϵ an der Wand erwarten, was jedoch in klarem Widerspruch zu dem experimentell und numerisch beobachteten Verhalten der Dissipationsrate an der Wand steht. Dieses Paradoxon lässt sich aufklären, wenn man die Dimensionalität der Turbulenz in Wandnähe berücksichtigt. Wenn die Wand angenähert wird, verschwindet die wandnormale Geschwindigkeitskomponente viel schneller als die anderen beiden Komponenten, und die Strömung wird zu einer Bewegung in Ebenen parallel zur Wand gezwungen. Deshalb kann Turbulenz in der viskosen Unterschicht in erster Näherung als zweikomponentig und zweidimensional betrachtet werden. Für einen solchen Zustand kann ψ, wie bereits oben erläutert, durch den Ausdruck $\psi_{2C-2D} \simeq 0.02R_\lambda$ approximiert werden. Diese Näherung eliminiert die Singularität im Senkenterm der Dissipationsgleichung, wenn sie auf Strömungsvorhersagen nahe der Wand angewendet wird.

In Abbildung 4.31 sind die aus den numerischen Daten berechneten Werte für $(\psi)_{2C-2D}$ aufgetragen. Deutlich ist die Reynoldszahlabhängigkeit von $(\psi)_{2C-2D}$ in Wandnähe zu erkennen. Aus dieser Abbildung folgt, dass $(\psi)_{2C-2D}$ mit R_λ um etwa 20% in der viskosen Unterschicht zunimmt. Daraus kann man den Schluss ziehen, dass das *Verhalten von* $(\psi)_{2D-2C}$ *sehr nahe der Wand verantwortlich für den Anstieg von* ϵ *an der Wand mit zunehmender Reynoldszahl ist.* In diesem Zusammenhang soll nochmals erwähnt werden, dass mit der Annäherung an die Wand die turbulente Längenskala, die durch $L_t \sim q^3/\epsilon_h$ definiert ist, fortlaufend abnimmt und in der viskosen Unterschicht einen Wert erreicht, der kleiner ist als die Kolomogorov'sche Längenskala. Dieses Verhalten von L_t wurde von Jovanović *et al.* (1996) ausgenutzt, um eine Gewichtungstechnik basierend auf der

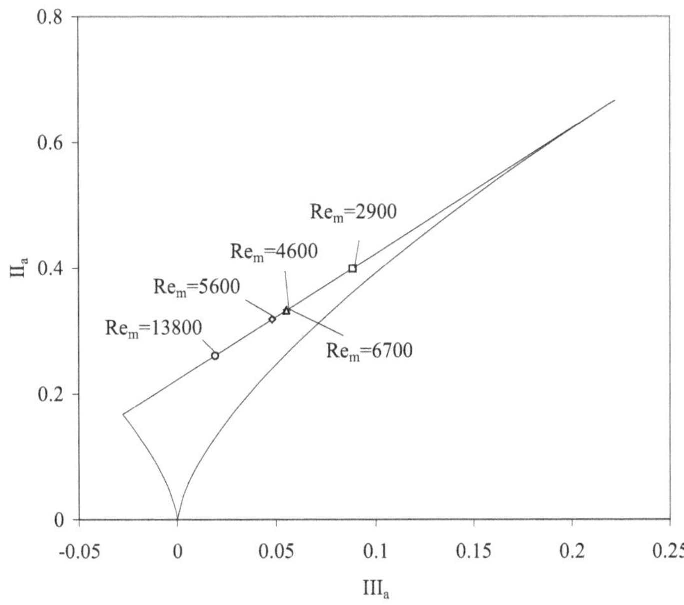

Abbildung 4.30: Verhalten der Invarianten an der Wand für verschiedene Reynoldszahlen.

Längenskalenunterscheidung anzuregen, um die in Abbildung 4.31 gezeigten Daten für ψ an den für den zweidimensionalen Zweikomponentenzustand abgeleiteten Ausdruck anzupassen (Fischer *et al.* 2000*a*).

4.4.5 Vergleich experimenteller und numerischer Daten an der Wand

Die gemeinsame Auswertung der Resultate aus Messungen und Berechnungen ermöglicht eine Validierung der theoretischen Analyse von Reynoldszahleffekten und Aussagen für die Modellierung technisch relevanter Strömungen.

Voraussetzung für die in den letzten Abschnitten durchgeführten Analyse der numerischen Datensätze ist, dass diese eine aussagekräftige Grundlage für die Untersuchung der dynamischen Eigenschaften von Turbulenz bilden. In diesem Zusammenhang ist sicherzustellen, dass die Ungenauigkeiten der numerischen Berechnungen klein im Vergleich zu den untersuchten Reynoldszahleffekten sind. Ein genauer Blick auf die numerischen Datensätze macht allerdings deutlich, dass es nahe der Wand zu beträchtlichen Unstimmigkeiten zwischen den verschiedenen numerischen Datensätzen kommt, wenn man die Bilanz der Dissipationsrate auswertet. Abbildung 4.32 zeigt das Verhalten der Funktion

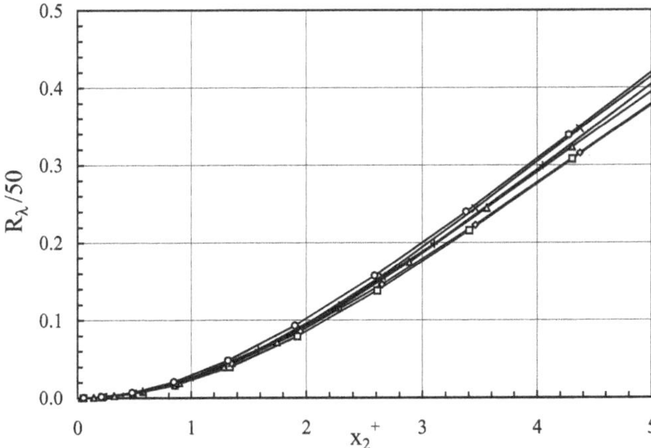

Abbildung 4.31: Grenzverhalten der Näherungsbeziehung $(\psi)_{2C-2D} \simeq 0.02R_\lambda$ sehr nahe der Wand für verschiedene Reynoldszahlen.

ψ, die aus der Bilanzgleichung für die Dissipationsrate (4.42) berechnet wurde. Für die viskose Unterschicht gilt:

$$\psi\frac{\epsilon_h^2}{k} \rightarrow \frac{1}{2}\nu\frac{\partial^2\epsilon_h}{\partial x_2^2}, \quad \text{wenn } x_2 \rightarrow 0. \tag{4.52}$$

Die berechneten Verteilungen von ψ geben den Trend $\psi \simeq aR_\lambda$ wieder, der durch die Schließung für den zweikomponentigen und zweidimensionalen Zustand von Turbulenz impliziert wird. Die in Abbildung 4.32 dargestellten Daten in den Nähe der Wand zeigen, dass selbst die Ergebnisse aus den Berechnungen von Kim *et al.* (1987) und von Horiuhi (1992), die bei der selben Reynoldszahl $Re_m = 5600$ durchgeführt wurden, in Bezug auf Größe und Charakter beträchtlich voneinander abweichen. Hieraus entstehen ernsthafte Zweifel an der korrekten Beschreibung der Variationen bei kleinen Reynoldszahlen, wenn ausschließlich numerisches Datenmaterial verwendet wird. Es gilt daher die Frage zu beantworten, wie viel von den bei den Berechnungen beobachteten Reynoldszahleffekten auf physikalische Ursachen und wie viel auf numerische Unsicherheiten zurückzuführen ist.

Aus diesem Grunde ist es wünschenswert, experimentelle Information zur Verfügung zu haben, die in einem ähnlichen Reynoldszahlbereich unter sehr gut kontrollierten Laborbedingungen durchgeführt wurden. Da die experimentellen Resultate unabhängig von den numerischen Begrenzungen sind, kann ein Vergleich der realen und simulierten Daten einen objektiveren Einblick in die von der Reynoldszahl abhängigen Vorgänge nahe der Wand liefern. Zu diesem Zweck wurden die experimentell ermittelten Turbulenzgrade aus Abschnitt 4.3 zur Wandposition hin extrapoliert. Abbildung 4.33 zeigt die mit der mittleren Geschwindigkeit normierten Grenzwerte der turbulenten Schwankungen an der Wand. Beide Datensätze weisen eine ähnliche Tendenz auf, mit zunehmender Reynolds-

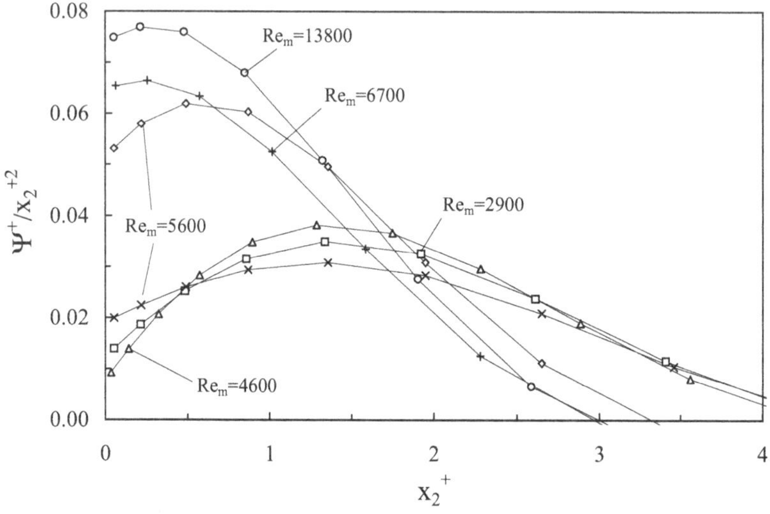

Abbildung 4.32: Verteilung von ψ, berechnet aus der Bilanz von (4.42 unter Verwendung der numerischen Datensätze.)

zahl zunächst sehr stark anzusteigen um dann mehr und mehr eine konstante Intensität anzustreben. Durch diesen qualitativen Grad an Übereinstimmung zwischen den Daten wird bestätigt, dass die Reynoldszahleffekte physikalische Ursachen haben und dass diese Ursachen in den grundlegenden Erhaltungsgleichungen für die Schwankungsgrößen zu finden sind. Allerdings zeigt Abbildung 4.33 auch, dass im Vergleich zu den experimentellen Daten bei den numerischen Daten der Trend zu einem Anwachsen von u'_1/U_1 mit der Reynoldszahl etwas größer ist und dass das Erreichen eines etwas höherer Grenzwertes für $Re_m \to \infty$ zu erwarten ist.

Die Ermittelung des Wandgrenzwertes des Turbulenzgrades bei hohen Reynoldszahlen hat große Bedeutung für die Modellierung wandgebundener Strömungen bei technischen Anwendungen. Bei den experimentellen Untersuchungen ist es möglich, den wandnahen Bereich für eine Vielzahl von Reynoldszahlen unter sonst identischen Strömungsbedingungen durchzuführen. Es sollte deshalb möglich sein, den funktionalen Verlauf von $u'_1/\overline{U}_1$ in Abhängigkeit von der Reynoldszahl auch quantitativ zu ermitteln. So kann die Anwendung der Störungsanalyse (siehe auch Yajnik, 1970; Afzal & Yajnik, 1973; Phillips, 1987) den Einfluss der Reynoldszahl an der Wand als Effekt höherer Ordnung beschreiben. Verwendet man die innere Längenskala ν/u_τ und die halbe Kanalhöhe h, kann ein kleiner Störungsparameter ε wie folgt gebildet werden:

$$\varepsilon = \frac{\nu/u_\tau}{h} = \frac{1}{Re_\tau}. \tag{4.53}$$

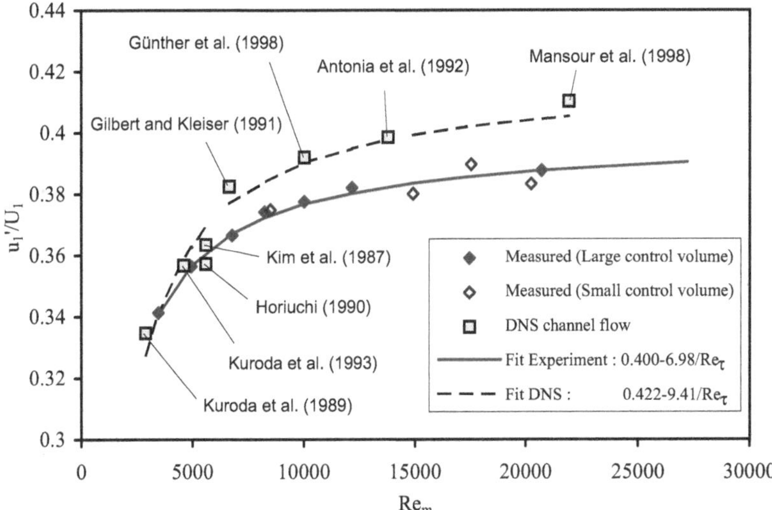

Abbildung 4.33: Grenzwerte von $\lim_{x_2 \to 0} u_1'/\overline{U}_1$ für verschiedene Reynoldszahlen an der Wand.

Die geeignete asymptotische Entwicklung von $\lim_{x_2 \to 0} u_1'/\overline{U}_1$ in Ausdrücken von ε ergibt sich zu

$$\left(\frac{u_1'}{\overline{U}_1}\right)_{x_2 \to 0} \simeq a + b\varepsilon + c\varepsilon^2 + \mathcal{O}(\varepsilon^3). \tag{4.54}$$

Diese Form steht in enger Übereinstimmung mit einem Vorschlag von K. Gersten (1997, persönliche Mitteilung). Der Term führender Ordnung a repräsentiert hierbei den Grenzwert eines verschwindenden Einflusses der äußeren Randbedingung, also des Falles ($Re \to \infty$). Die Terme höherer Ordnung berücksichtigen die Effekte endlicher Reynoldszahl. Durch eine Anpassung der gemessenen Daten an Gleichung (4.54) kann man nun durch Bestimmung des Parameters a auf den zu hohen Reynoldszahlen exptrapolierten Grenzfall schließen. Der Wert von $\lim_{x_2 \to 0} u_1'/\overline{U}_1$ für $\lim_{Re \to \infty}$ ergibt sich zu $a = 0.4$ (siehe auch Abbildung 4.33). Eine Turbulenzmodell hoher Qualität muss in der Lage sein, diesen Wert für Berechnungen von Strömungen bei hohen Reynoldszahlen richtig wiederzugeben. Für die Konstante vor dem quadratischen Term erhält man $b \approx 7.0$. Weiterhin ist es auf der Grundlage der Messungen möglich, diejenige Reynoldszahl abzuschätzen, ab welcher die Turbulenzstatistiken nahe der Wand bei einer Normierung mit inneren Variablen universell sind, ab wann also das Gesetz der Wand gültig ist. Gibt man beispielsweise vor, dass die Daten nicht mehr als zwei Prozent vom Wert für $Re \to \infty$ abweichen, so erhält man $Re_m \geq 35000$ als untere Grenze für die Gültigkeit des universellen Wandgesetzes.

Die Anpassung der DNS-Daten an Gleichung (4.54) liefert mit $a = 0.422$ einen um etwa

5% höheren Grenzwert für $\lim_{x_2 \to 0} u_1'/\overline{U}_1$. Die Ursache für diese Abweichung zwischen experimentellen und numerischen Daten kann von Unstimmigkeiten der numerischen Berechnungen herrühren, die ihren Ursprung in einer ungenügenden räumlichen Auflösung haben könnten (Fischer *et al.* 2000*b*).

Kapitel 5

Transitionale ebene Grenzschichtströmung

Aus anwendungsorientierter Sicht gibt es für die Untersuchung des laminar-turbulente Strömungsumschlags zwei Gründe. Zum einen gibt es Problemstellungen, wo man bemüht ist, die Strömung möglichst lange laminar zu halten. Hier ist vor allem die Aerodynamik zu nennen, wenn es um eine Minimierung des Strömungswiderstandes geht. Zum anderen kann die Steuerung des Strömungsumschlages zur Optimierung von technischen Prozessen beitragen, wenn es z. B. um Wärmeaustausch, um die Förderung von Flüssigkeiten oder um den Ablauf chemischer Reaktionen geht.

Die ausführlichsten Erkenntnisse über den laminar-turbulenten Strömungsumschlag in reibungsbehafteten Strömungen konnten in der Vergangenheit aus Untersuchungen von Grenzschichtströmungen erhalten werden. Hier liegt eine Vielzahl von theoretischen, experimentellen und numerischen Studien vor, die Einblick in die Szenarien geben, die sich beim Übergang von der laminaren zur vollturbulenten Grenzschicht einstellen. Hierbei wird meist die Stabilitätsanalyse eingesetzt (siehe auch Abschnitt 2.1.1), die die Methodik zu einer deterministischen Behandlung transitionaler Vorgänge liefert. Sie ist allerdings nicht geeignet, die späteren Stadien des Strömungsumschlags korrekt zu beschreiben, da es dort bereits zu ausgeprägten nicht-linearen und stochastischen Prozessen kommt. In diesem Bereich der Transition wäre eigentlich eine statistische Beschreibung der beobachteten Strömungsvorgänge besser geeignet, um für die angewandte Strömungsmechanik verwertbare Aussagen über die Entwicklung der Strömung zu machen. Wie in Abschnitt 4.4 dargestellt, könnten heute viele Eigenschaften turbulenter Strömungen mithilfe der Methoden der statistischen Analyse berechnet werden. Es stellt sich daher die Frage, inwieweit eine vereinheitlichte Behandlung von transitionalen und turbulenten Strömungen, insbesondere unter Berücksichtigung der Anisotropie, möglich ist. Ein Ziel dieses Kapitels ist es deshalb, zu untersuchen, inwieweit der für wandnahe turbulente Strömungen entwickelte Formalismus auf der Basis der Invariantentheorie auf transitionale Strömungen erweitert werden kann. Hier gilt es, theoretische Erkenntnisse über zweikomponentige bzw. zweidimensionale „Turbulenz" auszuarbeiten, um den Weg für eine zeitgemittelte numerische Berechnung des Anfachungsszenariums von Strömungsschwankungen zu ermöglichen. Die Invarianten des Anisotropietensors, die zur Charakterisierung der anisotropen

Eigenschaften von Schwankungsbewegungen Einsatz finden, sollen angewendet werden, um die Entwicklung der transitionalen Anfachung von Störungen in Gebiete zweidimensionaler und dreidimensionaler Störungsverstärkung einzuteilen. Außerdem ist mit der Untersuchung transitionaler Strömungen die Hoffnung verbunden, über ein verbessertes Verständnis transitionaler Prozesse neue Einblicke in die Physik vollentwickelter Wandturbulenz zu ermöglichen. Auffallend ist in diesem Zusammenhang die Ähnlichkeit zwischen den Mechanismen, die zur Transition und denen, die zur kontinuierlichen Erzeugung von Turbulenz im wandnahen Bereich führen (nächster Abschnitt). Ein experimentelles und theoretisches Studium transitionaler Prozesse kann daher auch wertvolle Einblicke in die Turbulenz von Strömungen bei kleinen Reynoldszahlen liefern.

5.1 Analogie zwischen Grenzschichttransition und wandnaher Turbulenz

Zahlen schaffen heißt die Dinge schaffen.
Thierry (etwa 1150)

Die türbulenzerzeugenden Strukturen in einer turbulenten Wandgrenzschicht lassen sich als Konsequenz hydromechanischer Instabilität erklären.

Im Folgenden soll der Zusammenhang zwischen den beobachteten Grundzügen von Wandturbulenz und des Transitionsprozesses beleuchtet werden (siehe auch Fischer *et al.* 2000*b*). Hinze (1962) folgerte aus frühen Visualisierungsexperimenten von Fage & Townend (1932), dass turbulente Strömungen über beachtlich lange Zeitabschnitte in der viskosen Unterschicht fast zweidimensional sind und aus nur zwei Schwankungskomponenten bestehen. Außerdem argumentierte er, dass es eine große Ähnlichkeit zwischen den Mechanismen gibt, die zu dem Übergang laminarer in turbulente Strömungen führen, und den Mechanismen, welche die kontinuierliche Erzeugung von Turbulenz in wandbegrenzten Strömungen bestimmen. Die beobachteten Wechselwirkungen zwischen den Strömungsstrukturen, die aus den angesammelten experimentellen Daten abgeleitet wurden, lassen vermuten, dass man das Wissen aus der linearen Theorie hydromechanischer Stabilität anwenden kann, um Zugang zu den Eigenschaften der Strömungsstrukturen nahe der Wand zu gewinnen. Wie durch Strömungsvisualisierungen von Kline *et al.* (1967) demonstriert wurde, spielen organisierte Strukturen in Form von dünnen Streifenfilamenten (*streak filaments*), wie sie in Abbildung 5.1 gezeigt sind, die Schlüsselrolle bei der kontinuierlichen Erzeugung von Turbulenz in Wandnähe.

Unter der Annahme, dass die Strömung innerhalb der Filamente zunächst laminar ist, um danach eine Art Transitionsprozess zu durchlaufen (siehe auch Kim, Kline & Reynolds 1971), kann man nun den Versuch unternehmen, die charakteristischen Längen- und Zeitskalen dieser Strukturen unter der Verwendung der kritischen Reynoldszahl (definiert durch den Instabilitätspunkt) abzuschätzen. Die für laminare Grenzschichten gültige Beziehung lässt sich wie folgt angeben (siehe Schlichting 1968):

$$\left(\frac{U_\infty \delta_1}{\nu}\right)_c = 520. \tag{5.1}$$

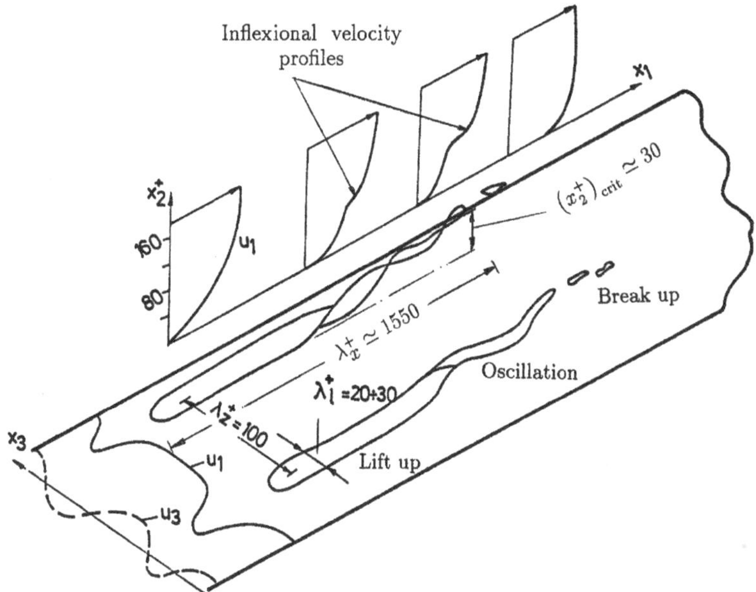

Abbildung 5.1: Struktur wandnaher Turbulenz und aus transitionaler Instabilität abgeleitete Längenskalen.

Hierbei ist δ_1 die Verdrängungsdicke und U_∞ die Geschwindigkeit am Rand der Scherschicht. Unter Berücksichtigung der Beziehungen für die Grenzschichtdicke δ_1 und den Wandreibungskoeffizienten c_f

$$\delta_1 = 1.7208\sqrt{\frac{\nu x}{U_\infty}} \quad \text{und} \quad c_f = \frac{\tau_0}{\frac{1}{2}\rho U_\infty^2} = \frac{0.332}{\sqrt{\frac{U_\infty x}{\nu}}}, \tag{5.2}$$

ergibt sich die folgende Abschätzung für die Längenskala in Strömungsrichtung:

$$\lambda_x^+ \simeq 2140. \tag{5.3}$$

Dieses Ergebnis ist von ähnlicher Größe wie die Länge, die aus Messungen der Zweipunktkorrelationen in Zeit und Ort der Fluktuationen der Wandschubspannungen von Kreplin & Eckelmann (1979) abgeleitet wurde ($\lambda_x^+/2 \simeq 1300$).

Für eine wachsende laminare Wandgrenzschicht ist die kritische Dicke, bei welcher Instabilität einsetzt, gegeben durch:

$$\left(\frac{\delta u_\tau}{\nu}\right)_c \simeq 35. \tag{5.4}$$

Dieser Wert liegt interessanterweise sehr nahe an dem Wert für den Ort, an dem das Aufbrechen der Streifenfilamente am wahrscheinlichsten ist. Nach Kline *et al.* (1967) ist es das aus diesem Zusammenbrechen hervorgehende *Burst*-Ereignis, welches einen großen Beitrag zur Turbulenzproduktion in Wandnähe liefert. Jovanović (1984) fand heraus, dass das mittlere Intervall zwischen den Bursts am Rand des Übergangsbereiches bei $x_2^+ \simeq 30$ am kürzesten ist, indem er verschiedene Methoden des *conditional sampling* anwendete.

Möchte man einen tieferen Einblick in die Mechanismen zu erhalten, die zu Transition und zur kontinuierlichen Erzeugung von Turbulenz nahe der Wand führen, kann man die Wellenausbreitungsgeschwindigkeit c_r und die Wellenlänge λ der Störungen am Instabilitätspunkt berücksichtigen (siehe Schlichting, 1968)

$$c_r \simeq 0.42 U_\infty, \quad \lambda \simeq 17.5 \delta_1, \tag{5.5}$$

um die Zeitskala

$$T_B \sim \frac{\lambda}{c_r} \tag{5.6}$$

der periodischen Ereignisse abzuschätzen, die zu dem Prozess des Aufbrechens führen. Mit den Gleichungen (5.5) und (5.6) kann leicht gezeigt werden, dass

$$\frac{T_B u_\tau^2}{\nu} \simeq 12 \quad \text{und} \quad \frac{\lambda u_\tau}{\nu} \simeq 210. \tag{5.7}$$

Diese Ergebnisse befinden sich in enger Übereinstimmung mit den Daten, welche von Falco & Gendrich (1989) aus gleichzeitiger Strömungsvisualisierung und Hitzdrahtmessungen erhalten wurden. Diese Ergebnisse legen nahe, dass Anhebung, Oszillation und Zusammenbruch der Streifenfilamente durch wirbelringartige Strukturen von der Gestalt eines Pilzquerschnitts ausgelöst werden, welchen Falco (1977) die Bezeichnung „Typische Wirbel“ (typical eddies) gegeben hat (siehe Abbildung 5.2). Die Abmessungen eines „Typischen Wirbels“ skalieren besser mit inneren Variablen als mit der Scherschichtdicke. Hieraus kann geschlussfolgert werden, dass diese Strukturen für die transitionale Instabilität nahe der Wand verantwortlich sind.

Aus den Ergebnissen, wie sie für wandnahe turbulente Strömungen im Abschnitt 4.4 gezeigt sind, scheint sich eine dynamische Verbindung zwischen den Veränderungen der Invarianten in einer wandnahen turbulenten Strömung und dem Umschlagsvorgang abzuzeichnen. Und in der Tat unterstützen die Daten von Spalart (1986) die oben erwähnte Vermutung. In Wandnähe folgen die Invarianten der oberen Grenze der Anisotropie-Invarianten-Karte, welche den Grenzfall von Zweikkomponenten-Turbulenz charakterisiert. Es ist eine bemerkenswerte Tendenz der Invarianten nahe der Wand beobachtbar, sich mit zunehmender Beschleunigung der Grenzschicht in Richtung des Einkomponentenlimits zu bewegen. Die Beschleunigung hat stabilisierende Auswirkung und kann zu einer Relaminarisierung der Strömung führen. Im Gegensatz zu diesen Beobachtungen zeigen die Daten einer Strömung über eine rückspringende Stufe von Le und Moin (1994), die in Abbildung 5.3 dargestellt sind, dass die Turbulenzaktivierung der Strömung im Bereich des negativen Druckgradienten mit einer Tendenz in Richtung isotroper Zweikomponententurbulenz gekoppelt ist.

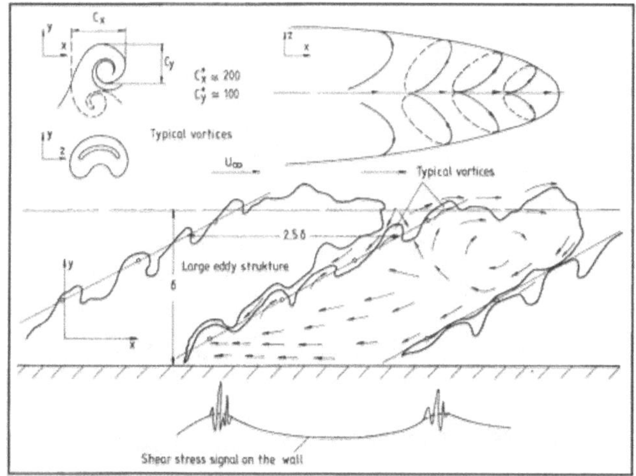

Abbildung 5.2: Skizze zum Begriff des „Typischen Wirbels“ in einer turbulenten Grenzschichtströmung.

5.2 Experimenteller Aufbau

Die experimentellen Untersuchungen zur Grenzschichttransition wurden im 400-kW--Windkanal des LSTM-Erlangen durchgeführt. Der Windkanal wird in geschlossener Rückführung betrieben. Der Messabschnitt hat die Abmessungen 1.87 x 1.4 m^2 und ist in Abbildung 5.4 skizziert. Die Untersuchungen wurden an einer ebenen Platte vorgenommen, die vertikal auf dem Messstreckenboden montiert ist und sich in Spannweitenrichtung über die gesamte Höhe der geschlossenen Messstrecke erstreckt. Durch die Montage auf dem Drehtisch kann der Anstellwinkel der Platte relativ zur Strömung und damit die Druckverteilung entlang der Plattenoberseite sehr genau eingestellt werden. Die gesamte Grenzschichtplatte befand sich im geschlossenen Teil der Messstrecke, wodurch eine Beeinflussung der Strömung durch äußere Störungen ausgeschlossen werden konnte. Die Hintergrundschwankungen konnten somit auf Turbulenzgrade von $\frac{u'_1}{U_1} \approx 0.08\%$ bzw. $\frac{u'_2}{U_1} \approx 0.04\%$ reduziert werden. Die Grenzschichtplatte ist aus $10mm$ dickem, beidseitig plangefrästem Gussaluminium gefertigt, anströmseitig ist eine Nase mit einer NACA-0009-Kontur angearbeitet. Die Plattenlänge beträgt $1.2m$. Die Oberfläche der Platte ist zur Verminderung ungewollter Rauigkeiten feingeschliffen. Zur Kontrolle der Druckverteilung auf der Plattenoberseite sind zwei Reihen von Druckmessbohrungen angebracht (siehe Abbildung 5.5).

Zur Beschleunigung des Grenzschichtumschlages wurden in einer Entfernung von 0.31m hinter der Plattenvorderkante quaderförmige Hindernisse verschiedener Größe über die

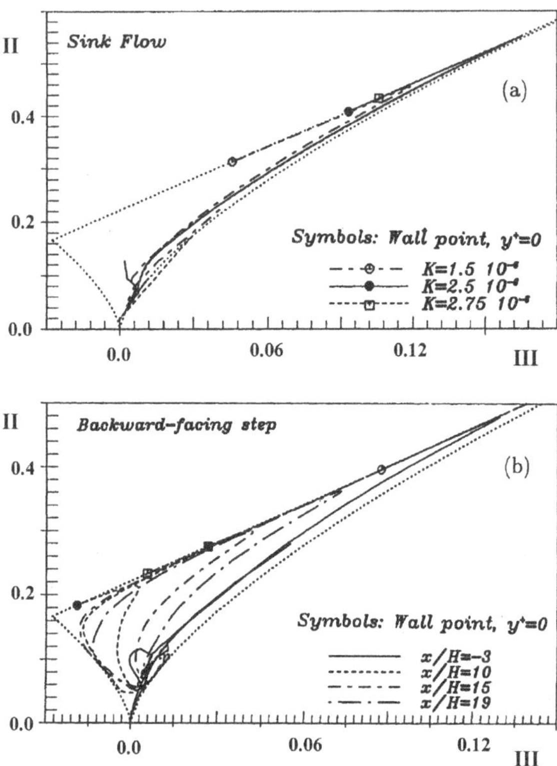

Abbildung 5.3: Anisotropie-Invarianten-Karte und Daten aus DNS für beschleunigte bzw. verzögerte Grenzschichtströmung. a) Senkenströmung nach Spalart (1986); b) rückspringende Stufe nach Le & Moin (1994).

gesamte Breite der Grenzschichtplatte mit einem Spezialkleber aufgebracht. Bei der Fertigung des Hindernisses wurde besonderer Wert auf eine scharfe Kante an der Seite gelegt, die der Strömung zugewandt war. Die Höhe des Hindernisses wurde nach der Montage bestimmt, um Unsicherheiten durch die Dicke des Klebstofffilmes auszuschließen. Es wurden nacheinander Hindernisse der Höhe zwischen 0.25 und $1.1mm$ aufgebracht, um Parameterstudien durchzuführen. Die Messsonden konnten durch eine Traversierungseinheit in allen drei Raumrichtungen mit einer Genauigkeit von etwa $5\mu m$ positioniert werden. Für die Untersuchungen wurden drei verschiedene Anemometertypen verwendet:

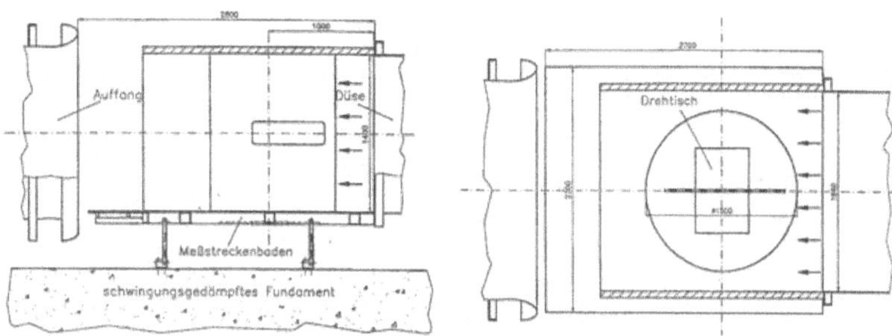

Abbildung 5.4: Windkanalteststrecke mit eingebauter Grenzschichtplatte in Seitenansicht (links) bzw. Aufsicht (rechts).

- Die wandnahen Geschwindigkeitsgradienten an verschiedenen Plattenpostitionen wurden mit einem Wand-Pitotrohr bestimmt (Abschnitt 5.3), um die Abhängigkeit des Umschlagsortes von Rauigkeitshöhe und Anströmgeschwindigkeit zu untersuchen.

- Die Messung von Profilen zeitlich gemittelter Größen und die Analyse des Frequenzverhaltens wurden mit Hilfe einer Hitzdrahtsonde durchgeführt (Abschnitt 5.3). Es handelte sich dabei um eine Grenzschicht-Eindrahtsonde der Firma DANTEC vom Typ 55P15 der Länge $1.25mm$ und des Durchmessers $5\mu m$. Der Hitzdraht wurde mit einem DISA-55M-Anemometer in der Betriebsart konstanter Temperatur bei einem Überhitzungsverhältnis von 1.6 (Das entspricht einer Hitzdraht-Temperatur von etwa 200K.) betrieben. Das Anemometersignal wurde bei 8kHz tiefpassgefiltert, um den Einfluss elektronischen Rauschens zu reduzieren. Der fluktuierende Anteil des Spannungssignals konnte effizient verstärkt werden, indem zunächst der Gleichspannungsanteil abgezogen wurde. Die Abtastrate wurde an die Erfordernisse der Messung angepasst. So war für die Bestimmung statistischer Größen eine Abtastrate von der Größe $1/T_{int}$ ausreichend, während es für die Untersuchung von Frequenzspektren wichtig war, die höchsten auftretenden Schwankungsfrequenzen aufzulösen. Für die Datenerfassung und die Datenverarbeitung wurde ein Rechner eingesetzt, der mit einer Messwerterfassungskarte (*Data Translation DT2838*) ausgerüstet war. Die Hitzdrahtsonde wurde durch den Vergleich mit den Messergebnissen einer Prandtl-Sonde kalibriert. Der Druck der Prandtl-Sonde wurde mit einem Setra-Druckumformer (*Modell239*) bestimmt.

- Für die Bestimmung der statistischen Größen, die bei der Interpretation der Daten im Rahmen der Invariantentheorie benötigt werden, wurde eine Zweikomponenten-LDA-Sonde eingesetzt (Abschnitt 5.4). Die Sonde (siehe Abbildung 5.6) erzeugte bei einem Außendurchmesser von $60mm$ ein Messvolumen von etwa $75\mu m$ in einem Arbeitsabstand von $0.4m$. Durch die Abwinklung des Strahlenganges über einen 45°-Spiegel und die Integration der Sonde in eine strömungsmechanisch günstig geformte

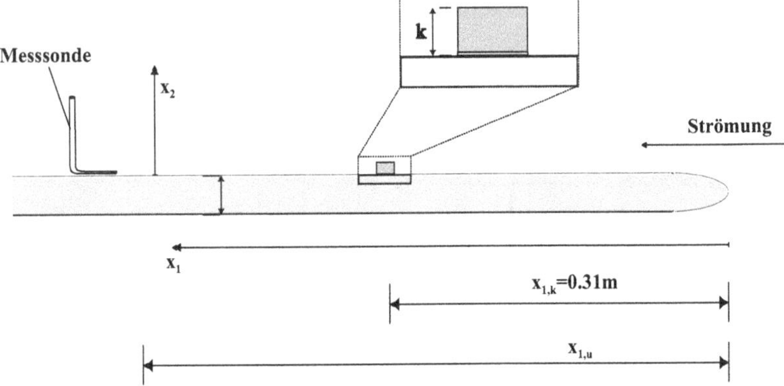

Abbildung 5.5: Konfiguration der ebenen Platte sowie Skizze des auf einer ebenen Platte aufgebrachten querangeströmten Hindernisses mit rechteckigem Querschnitt.

Flügelpodkonstruktion konnte die Strömungsbeeinflussung durch die Sonde am Ort der Messung sehr klein gehalten werden. Das Streulicht wurde in Rückwärtsrichtung detektiert. Bei der Messung der Geschwindigkeitskomponenten in x_1 und x_2-Richtung war die Sonde fest auf die Grenzschichtplatte aufgebracht und die Messvolumentraversierung wurde durch eine um die Längsachse drehbare Lagerung und einen eingebauten Getriebemotor gewährleistet. Die Messung der Geschwindigkeitskomponente in x_3-Richtung wurde durch Montieren der Sonde an die Traversierungseinheit ermöglicht. In die LDA-Sonde wurde über ein Monomode-Glasfaserkabel Laserlicht der Wellenlängen 514.5 und 488nm eingespeist, dessen Eigenschaften durch eine am LSTM Erlangen modular aufgebaute LDA-Basiseinheit vorbereitet wurden (siehe Lienhart und Böhnert, 1992). Die Basiseinheit bestand aus einem Ar-Ionen-Laser der Leistung 5W, Strahl- und Farbteilern, Braggzellen und Faserkopplern. Die Signalauswertung wurde mit zwei BSA's (*Burst Spectrum Analyzers*) der Firma DANTEC und einem Rechner vorgenommen.

Voraussetzung für die Entwicklung einer Blasius'schen Grenzschicht ist ein konstanter statischer Druck entlang der Grenzschichtplatte. Eine Fehlorientierung der Platte verändert die Form des Grenzschichtprofils und beeinflusst den Grenzschichtort. Aus diesem Grund wurden die Druckverteilungen entlang der Platte ausführlich vermessen. Hierzu wurde die Platte auf einem Drehtisch fixiert, mit dessen Hilfe der Anstellwinkel der Platte gegenüber der Strömung angepasst werden konnte. Das Kriterium für eine optimale Ausrichtung war die Gewährleisung eines möglichst großen Bereiches konstanten Druckes entlang der Plattengrenzschicht. Die Druckkalibrierung wurde für verschiedene, sich um einige Bogensekunden unterscheidende Orientierungen durchgeführt. Mit dieser Methode wurde zwischen den Stromabpositionen $x_1 = 0.3m$ und $x_1 = 0.8m$, also im Gebiet um und nach dem Störkörper, eine sehr homogene Druckverteilung erreicht (siehe Abbildung 5.7). Diese

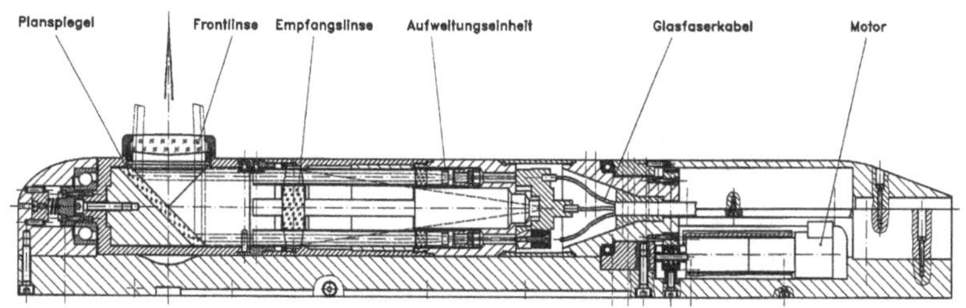

Abbildung 5.6: Schnittzeichnung der Glasfaser-LDA-Sonde mit Flügelpod.

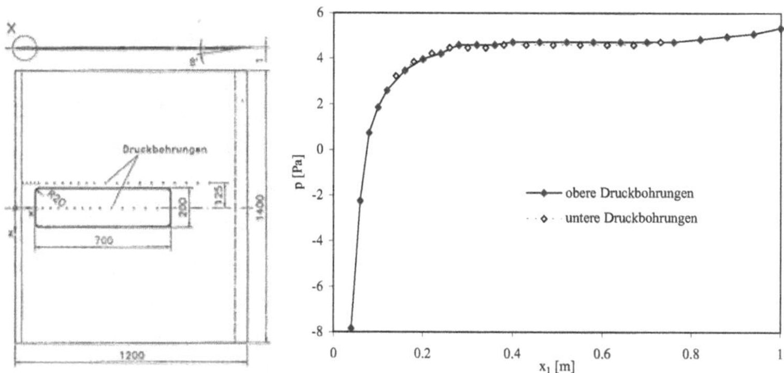

Abbildung 5.7: Druckverteilung für die optimierte Plattenorientierung.

Ausrichtung wurde für alle folgenden Untersuchungen beibehalten.

Da transitionale Strömungen auf eine Vielzahl von Einflussfaktoren reagieren, sind kontrollierte und damit reproduzierbare Strömungsverhältnisse eine wichtige Voraussetzung für die Untersuchung der Auswirkung von Hindernissen auf die Grenzschichtentwicklung. Für eine quantitative Auswertung ist ein Vergleich der Geschwindigkeitsverteilungen *ohne* den Einfluss von Strömungsstörungen unabdingbar. Die Skalierung mit dem Abmessungen der Blasiusgrenzschicht ist die Grundlage für eine dimensionslose Auftragung der statistischen Größen.

In Abbildung 5.8 sind die gemessenen Geschwindigkeitsprofile ohne aufgebrachtes Hindernis in Entfernungen zwischen 0.24 und 0.64 m von der Plattenvorderkante dargestellt. Sie zeigen das Anwachsen der laminaren Wandgrenzschicht mit zunehmender Lauflänge.

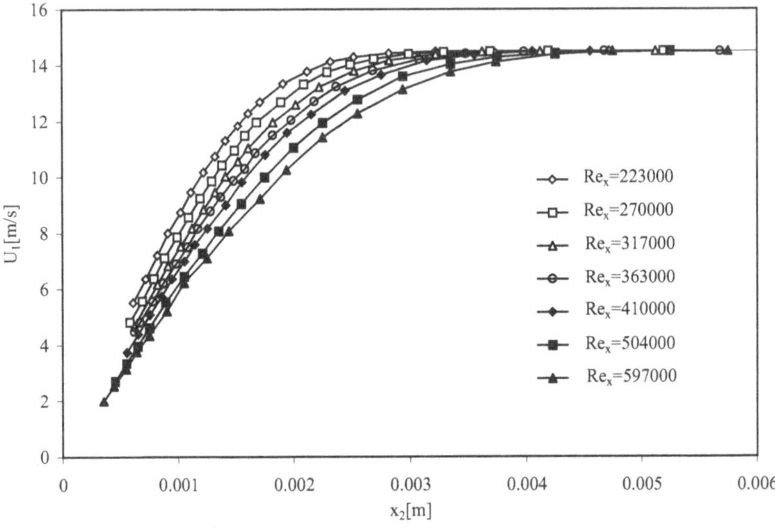

Abbildung 5.8: Geschwindigkeitsverteilungen in laminarer Plattengrenzschicht für verschiedene Entfernungen von der Plattenvorderkante.

Alle laminaren Grenzschichtprofile müssen bei einer Normierung des Wandabstandes mit $\sqrt{\nu x/U_\infty}$ (woraus sich der Grenzschichtparameter η ergibt) und der mittleren Geschwindigkeit mit der Außengeschwindigkeit U_∞ (resultierend in der relativen Geschwindigkeit u) auf einer Kurve zu liegen kommen. Eine gewisse Unsicherheit besteht allerdings bezüglich der Entwicklungslänge der Grenzschicht, da sich durch die Dicke der im Experiment verwendeten Grenzschichtplatte eine Stauwirkung und ein damit verbundener Druckgradient im Bereich der Plattennase nicht vermeiden lässt. Hierdurch entwickelt sich die Grenzschicht zunächst schneller, als es einer Blasius-Grenzschicht entspräche. Erst in einiger Entfernung von der Plattenvorderkante ist Druckkonstanz und somit die Proportionalität der Grenzschichtdicke zur Wurzel einer Stromab-Koordinate x_{eff} gegeben (siehe auch Abbildung 5.7). Durch diesen Effekt ist zu erwarten, dass der Ursprung der Grenzschicht scheinbar vor dem Beginn der Platte zu liegen kommt. Man spricht daher vom Auftreten einer virtuellen Lauflänge $x_{virt} = x_{eff} - x$.

Die virtuelle Lauflänge kann bestimmt werden, indem man aus mehreren gemessenen Blasius-Profilen den jeweiligen Skalierungsfaktor $\sqrt{\frac{\nu x_{eff}}{U_\infty}}$ durch einen Vergleich mit der numerischen Lösung bestimmt. Die anschließende Auftragung des so ermittelten x_{eff} gegenüber x liefert die virtuelle Lauflänge. Um statistische Messfehler zu minimieren, wurden für jede Messposition alle Messpunkte des jeweiligen Geschwindigkeitsprofils gemeinsam an eine Funktion $\eta_{fit}(u)$ angepasst, die die numerische Lösung möglichst gut wiedergibt. In Abbildung 5.9 sind Werte der exakten Lösung der Grenzschichtgleichung

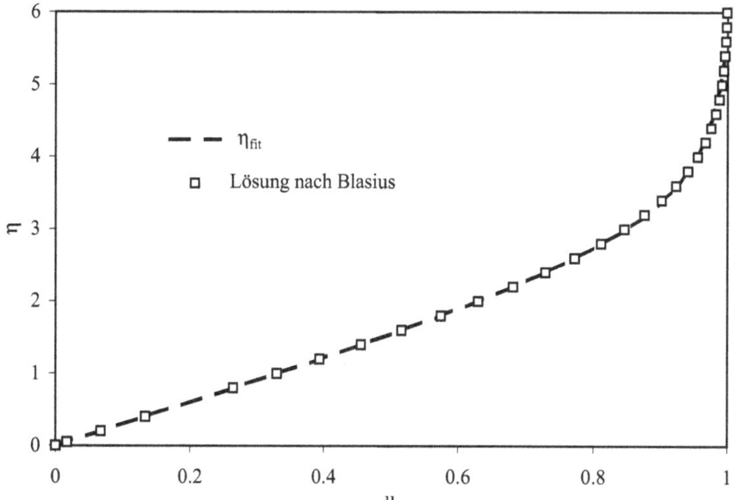

Abbildung 5.9: Vergleich zwischen exakter Lösung der Geschwindigkeitsverteilung für Blasius-Grenzschicht und angepasster Lösung (Gleichung 5.8).

nach L. Howarth (1938) verglichen mit einer analytische Gleichung, die an die exakten Daten angepasst wurde:

$$\eta_{fit}(u) = \eta_\infty \epsilon \frac{u(2u_\infty - u + \epsilon)}{u_\infty(u_\infty - u + \epsilon)(u_\infty + \epsilon)} P_4(1-u). \tag{5.8}$$

Hierbei gilt: $\eta_\infty = 6.0$, $\epsilon = 0.03$, $u_\infty = u(\eta = \eta_\infty) = 0.99898$ und $P_4(x) = -6.216x^4 + 17.64x^3 - 20.72x^2 + 17.09x + 0.9229$. Der Funktionsansatz (5.8) wurde gewählt, da η bei Annäherung an $u = 1$ nahezu in einer waagrechten Tangente endet und damit durch ein Polynom endlicher Ordnung nur sehr ungenau wiederzugeben wäre. Für $\eta < 5.5$ stimmen exakte Lösung und Gleichung (5.8) besser als 0.4 Prozent überein. Um nun die virtuelle Lauflänge zu erhalten, muss man die aus einer Anpassung der Daten an Gleichung (5.8) bestimmten effektiven x-Werte gegenüber den Abständen von der Plattenvorderkante auftragen und mit einer Gerade verbinden. Diese Vorgehensweise ist in Abbildung 5.10 mit den Daten aus Abbildung 5.8 demonstriert. Es zeigt sich, dass der extrapolierte Beginn der Grenzschicht fast vier Plattenddicken stromauf des Plattenbeginns liegt. Die Werte für x_{eff} liegen sehr gut auf einer Geraden, was für die Zuverlässigkeit des Verfahrens spricht. In Abbildung 5.11 ist gezeigt, dass die Affinität der Geschwindigkeitsverteilungen bei verschiedenen Stromabkoordinaten erfüllt ist, da alle Kurven bei Skalierung mit $\sqrt{\frac{\nu x}{U_\infty}}$ auf einer Kurve zu liegen kommen.

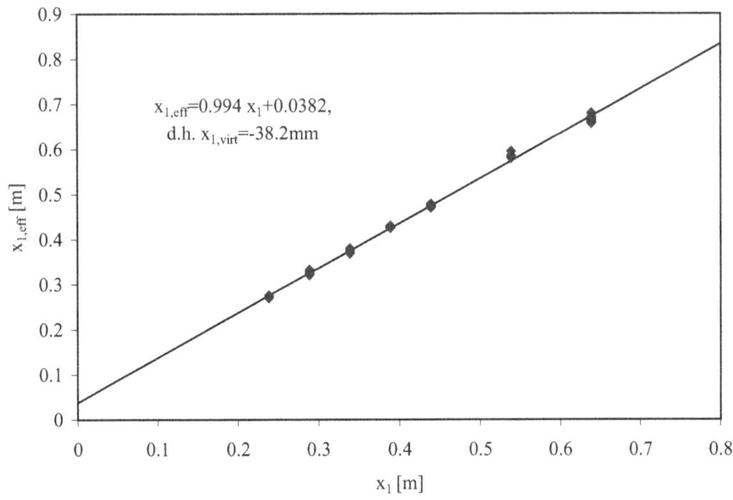

Abbildung 5.10: Ermittelung der Entfernung von der Plattenvorderkante aus den Fit-Ergebnissen für verschiedene Stromab-Positionen.

5.3 Laminar-turbulenter Strömungsumschlag im Nachlauf einer Oberflächenrauigkeit

Une cause très petite, qui nous échappe, détermine un effect considérable que nous ne pouvon pas ne pas voir, et alors nous disons que cet effet est dû au hasard.

Science et méthode, Ernest Flammarion, Paris
Henri Poincaré (1854-1912)

Für verschiedene Hindernishöhen und Strömungsbedingungen wird die Auswirkung von rechteckigen Hindernissen auf den Strömungsumschlag untersucht.

Vor einer ausführlichen Untersuchung der laminar-turbulenten Transition an bestimmten Plattenpositionen ist es vorteilhaft, den Ort des Strömungsumschlages als Funktion der Anströmgeschwindigkeit und der Rauigkeitshöhe zu kennen. Eine einfache und schnelle Methode zur Bestimmung des Umschlagspunktes ist die Messung wandnaher Geschwindigkeiten mit einem Prestonrohr. Hierbei wird ein Pitotrohr mit einem Durchmesser von $0.9mm$ in Kontakt zur Plattenaußenseite gebracht. Das erhaltene Drucksignal dient als Maß für den Gradienten der wandnahen Geschwindigkeit. Da der Umschlag vom laminaren in den turbulenten Strömungszustand mit einem Anstieg des wandnahen Geschwindigkeitsgradienten einhergeht, kann das lokale Minimum des gemessenen Druckes als Kriterium für den Ort des Strömungsumschlages herangezogen werden.

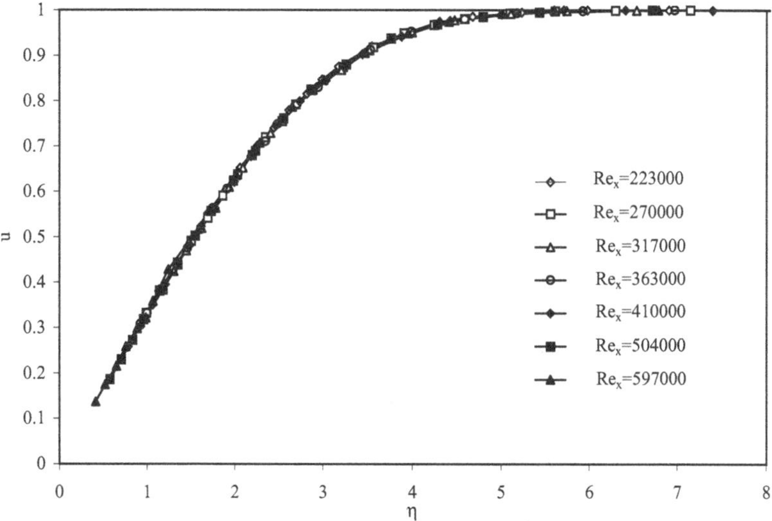

Abbildung 5.11: Geschwindigkeitsprofile wie in Abbildung 5.8, nun in dimensionsloser Darstellung.

In Abbildung 5.12 ist am Beispiel eines Rauigkeitselements der Höhe $k = 0.52mm$ gezeigt, wie sich das lokale Druckminimum und somit die ermittelte Umschlagsposition mit zunehmender Außengeschwindigkeit immer näher an das quaderförmige Hindernis heranbewegt. Die in Abbildung 5.12 veranschaulichte Auswertung wurde für Rauigkeiten der Höhen 0.25, 0.52, 0.72, 0.8 und $1.1mm$ durchgeführt.

Die Position der laminar-turbulenten Transition als Funktion der Anströmgeschwindigkeit gibt Aufschluss über die Wirksamkeit des Rauigkeitselements. Dieser Zusammenhang ist in Abbildung 5.13 aufgetragen, wo die kritische Reynoldszahl Re_{x_u} gegenüber der Hindernis-Reynoldszahl Re_{x_k} aufgetragen ist. Hierbei sind die angeführten Reynoldszahlen definiert durch:

$$Re_{x_u} = \frac{x_u U_\infty}{\nu}, \qquad Re_{x_k} = \frac{x_k U_\infty}{\nu}.$$

Diese Darstellungsweise geht auf Kraemers (1961) zurück. Sie ermöglicht den Vergleich von Hindernisposition und Umschlagsort. Aus Abbildung 5.13 wird ersichtlich, wie sich mit zunehmenden Geschwindigkeiten der Umschlagspunkt auf das Hindernis zubewegt. Die Diagonale $Re_{x_u} = Re_{x_k}$ entspricht dem Strömungsumschlag am Ort des Hindernisses. Man erkennt, dass auch für die größten Geschwindigkeiten der Umschlag erst ein wenig hinter dem Rauigkeitselement eintritt. Der Mindestabstand ergibt sich aus den Messungen zu

$$\frac{U_\infty(x_u - x_k)}{\nu} = 2.8 \cdot 10^4. \tag{5.9}$$

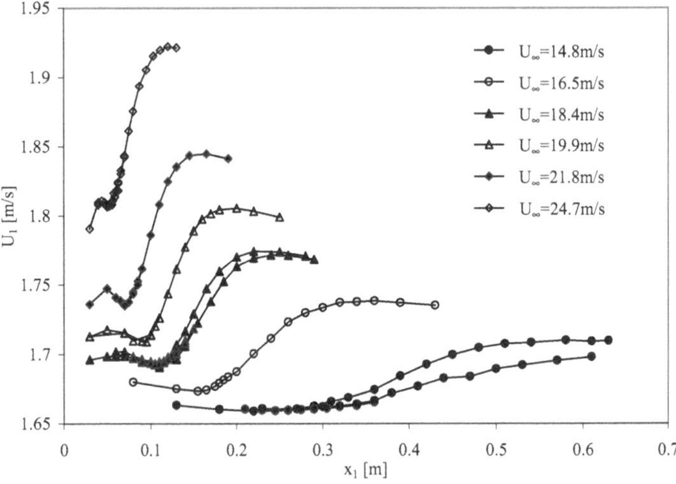

Abbildung 5.12: Mittlere Geschwindigkeit in Wandnähe für verschiedene Außengeschwindigkeiten.

Dieses Verhalten wurde bereits von Kraemers (1961) für zylindrische Rauigkeiten untersucht, der für den Mindestabstand allerdings einen etwas kleineren Wert ($2.0 \cdot 10^4$) fand.

Dryden (1953) fand mittels einfacher Dimensionsbetrachtungen, dass bei zylindrischen Rauigkeiten unabhängig von der Rauigkeitshöhe die mit der Grenzschichtdicke am Umschlagsort gebildete Reynoldszahl $Re_u = \frac{\delta_{1,u}}{U_\infty}$ lediglich vom Verhältnis aus Rauigkeitshöhe und Verdrängungsdicke am Ort des Rauigkeitselements abhängt, solange der Turbulenzdraht noch nicht voll wirksam ist, d.h. solange die mit Rauigkeitshöhe und Außengeschwindigkeit gebildete Reynoldszahl noch nicht einen bestimmten Wert überschreitet:

$$\frac{U_\infty k}{\nu} < 900: \quad Re_u = f(k/\delta_{1,u}). \tag{5.10}$$

Für größere Werte von $\frac{U_\infty k}{\nu}$ besteht näherungsweise eine lineare Beziehung zwischen beiden Größen:

$$\frac{U_\infty k}{\nu} > 900: \quad Re_u = 3x_k/\delta_{1,k} \tag{5.11}$$

Dies entspricht dem Umschlag unmittelbar nach dem Hindernis. Schlichting (1965) konnte experimentell bestätigen, dass dieses Gesetz näherungsweise für zylindrische Rauigkeitselemente beliebigen Durchmessers zutrifft.

Für die Bewertung der Wirksamkeit quaderförmiger Rauigkeitselemente ist die Frage interessant, inwiefern auch das Verhalten der Strömung nach rechteckigen Drähten verschiedener Höhe durch ein universelles Gesetz zu beschreiben ist. In Abbildung 5.14 (rechts) ist Re_u gegebüber $k/\delta_{1,k}$ aufgetragen. Es fällt auf, dass bei rechteckigen Rauigkeiten der

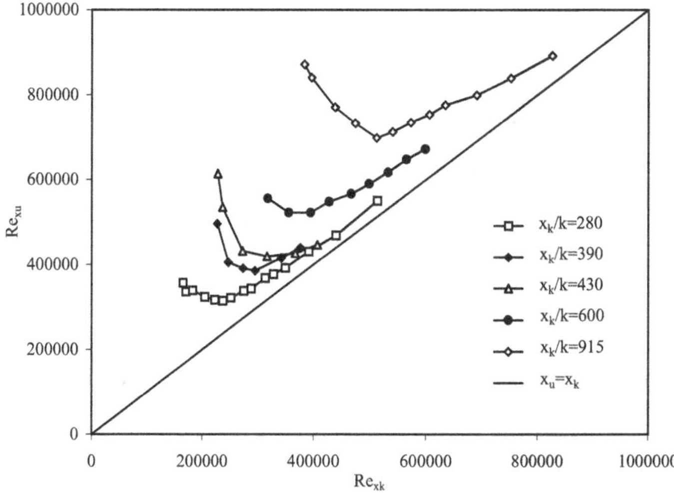

Abbildung 5.13: Kritische Reynolds-Zahl in Abhängigkeit von der Anströmgeschwindigkeit.

Übergang zur Transition unmittelbar hinter dem Rauigkeitselement deutlich links von der durch $\frac{Uk}{\nu} < 900$ definierten Linie zu liegen kommt. Hierbei kommt es zu um so größeren Differenzen vom Szenarium an zylindrischen Hindernissen, je kleiner die Rauigkeitsabmessung k ist. Dies lässt sich so interpretieren, dass vor allem bei kleinen Rauigkeiten die scharfkantige Form des Hindernisses zu deutlich größeren Störungen in dessen Nachlauf führt. Um nun den Einfluss der Hindernisform quantitativ zu erfassen, kann man den Faktor $F(k)$ ermitteln, um den – bei gleicher Auswirkung auf den Umschlagsort – das rechteckige im Vergleich zu einem zylindrischen Hindernis kleiner ist. $F(k)$ ist also der Wert, mit dem $k/\delta_{1,k}$ zu multiplizieren ist, damit der Übergang zum Umschlag direkt am Hindernis der Bedingung $\frac{U_\infty k}{\nu} = 900$ gehorcht. In Abbildung 5.15 sind die Ergebnisse gegenüber der mit der Hindernisposition verglichenen Rauigkeitsgröße aufgetragen. Scharfkantige Hinternisse an der Wand sind demnach um bis zu 60% effizienter als zylindrische Hindernisse. Aus Abbildung 5.15 und unter Berücksichtigung der Beziehung $\delta_{1,k} = 1.721\sqrt{\frac{x_k \nu}{U_\infty}}$ folgt, dass sich für Hindernisse, deren Höhe vergleichbar mit oder größer als die Verdrängungsdicke ist, die Gestalt des Rauigkeitselements immer weniger bemerkbar macht. Dieses Ergebnis erscheint zunächst überraschend und verdient eine nähere Betrachtung: Für die Grenzschichtströmung entspricht ein auf die Platte aufgebrachtes Rauigkeitselement einer Störung der Grundströmung in einem bestimmten Frequenzenbereich (dies ergibt sich aus der Fouriertransformation der Hindernisgestalt). Eine zylindrische Rauigkeit ist relativ glatt, repräsentiert demnach nur Störungen bei kleinen Frequenzen. Eine scharfkantige Form hingegen entspricht einer Störung der Grundströmung auf einer Bandbreite von Frequenzen, die bis zu hohen Frequenzen reicht. Offenbar ist die

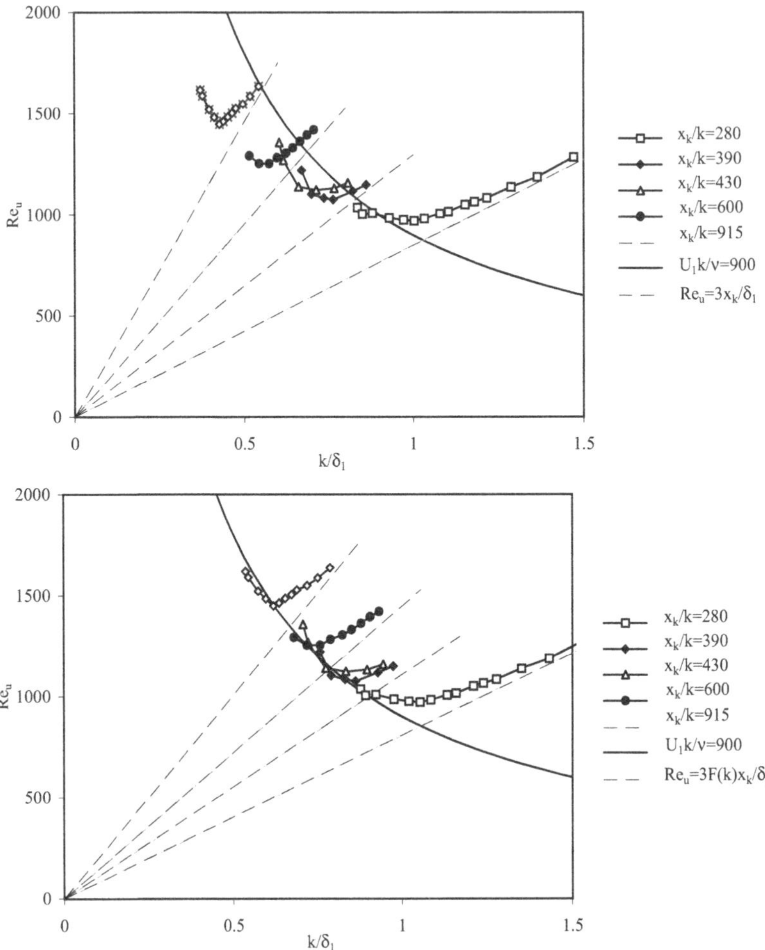

Abbildung 5.14: Oben: Kritische Reynolds-Zahl der laminaren Grenzschicht in Abhängigkeit vom Verhältnis Rauigkeitshöhe zu Verdrängungsdicke für quaderförmige Rauigkeitselemente. Unten: Multiplikation der Rauigkeitshöhe mit einem Faktor $F(k)$, sodass sich Wirksamkeit eines zylindrischen Rauigkeitselements ergibt.

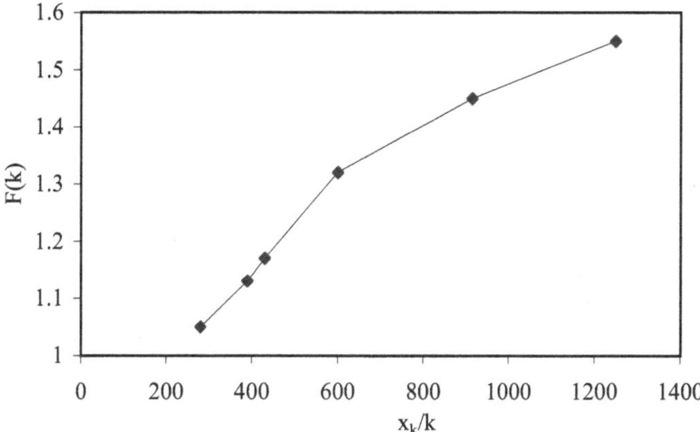

Abbildung 5.15: Effektive Vergrößerung von rechteckigen Rauigkeitselementen gegenüber zylindrischen.

Rezeptivität der Grenzschicht in kleinen Wandabständen deutlich größer als bei größeren Wandabständen. Dies ist insofern plausibel, als die größten Gradienten der mittleren Geschwindigkeit, die ja die Voraussetzung für die Produktion von Schwankungsenergie sind, im inneren der Grenzschicht auftreten. Deshalb können sich die Unterschiede in der Gestalt des Hindernisses am deutlichsten bei kleinen Rauigkeitshöhen auswirken.

Während bisher ausschließlich mittlere Geschwindigkeiten betrachtet wurden, soll im Folgenden besonderes Augenmerk auf die räumliche Entwicklung der Geschwindigkeitsfluktuationen gelegt werden. Hierzu werden Geschwindigkeitsprofile in verschiedenen Abständen hinter dem Rauigkeitselement betrachtet und mit der ungestörten Blasiusgrenzschicht verglichen. Um das gesamte Spektrum von Umschlagsszenarien erfassen zu können, wurden die drei Rauigkeitshöhen $k = 0.52mm, 0.72mm$ und $1.1mm$ näher betrachtet. Die Anströmgeschwindigkeit U_∞ wurde dabei so angepasst, dass die Verdrängungsdicke an der Stelle des Hindernisses zwischen 30 und 75 % größer war als die Rauigkeitshöhe. Die wichtigsten Strömungsparameter für die im Weiteren untersuchten Fälle sind in der folgenden Tabelle einander gegenübergestellt:

k	$1.1mm$	$0.72mm$	$0.52mm$
$\frac{x_{1,k}}{k}$	280	430	600
U_∞	$6.6m/s$	$11.2m/s$	$17.1m/s$
Re_x/x	$4.49 \cdot 10^5 m^{-1}$	$7.23 \cdot 10^5 m^{-1}$	$1.10 \cdot 10^6 m^{-1}$
$\frac{k}{\delta_{1,k}}$	0.761	0.65	0.58

In den Abbildungen 5.16 bis 5.18 (jeweils oben) sind die Profile der mittleren Geschwindigkeit für verschiedene Abstände vom Rauigkeitselement aufgetragen.

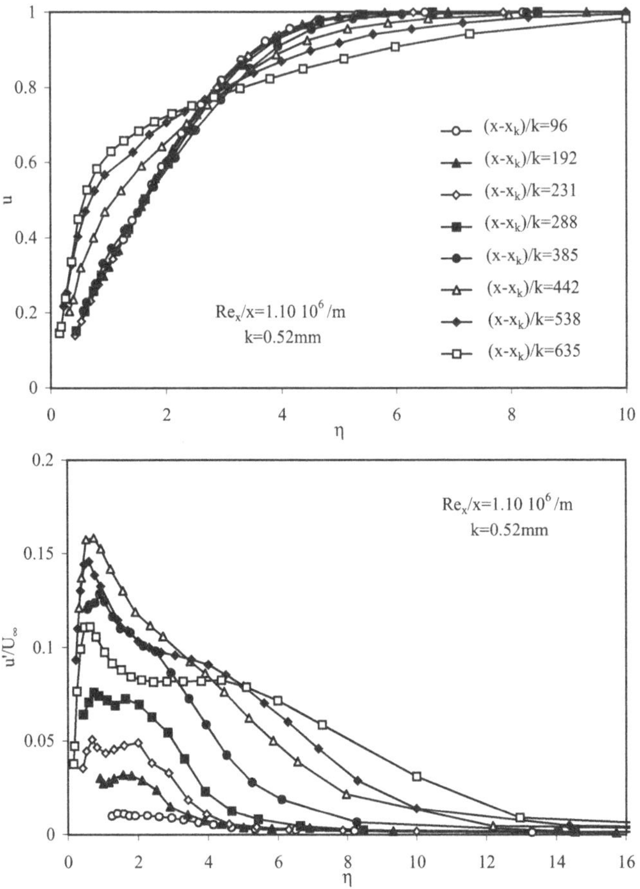

Abbildung 5.16: Profile der mittleren Geschwindigkeit und der turbulenten Schwankungen bei k=0.52mm.

Es fällt auf, dass nur in sehr kleinen Entfernungen vom Rauigkeitselement eine starke Verdrängungswirkung durch das Hindernis auf die Grenzschicht zu beobachten ist (für k=1.1mm bei Abständen $(x - x_k)/k < 60$, für k=0.72 bei $(x - x_k)/k = 14$). Dieser Strömungsbereich wird als Rückentwicklungsgebiet bezeichnet. Danach zeigen die Profile wieder weitgehend das Verhalten einer Blasius'schen Grenzschicht. Die Verteilungen der mittleren Geschwindigkeit lassen sich also nach dem Rückentwicklungsgebiet zunächst kaum von laminaren Grenzschichtprofilen unterscheiden. Erst deutlich weiter

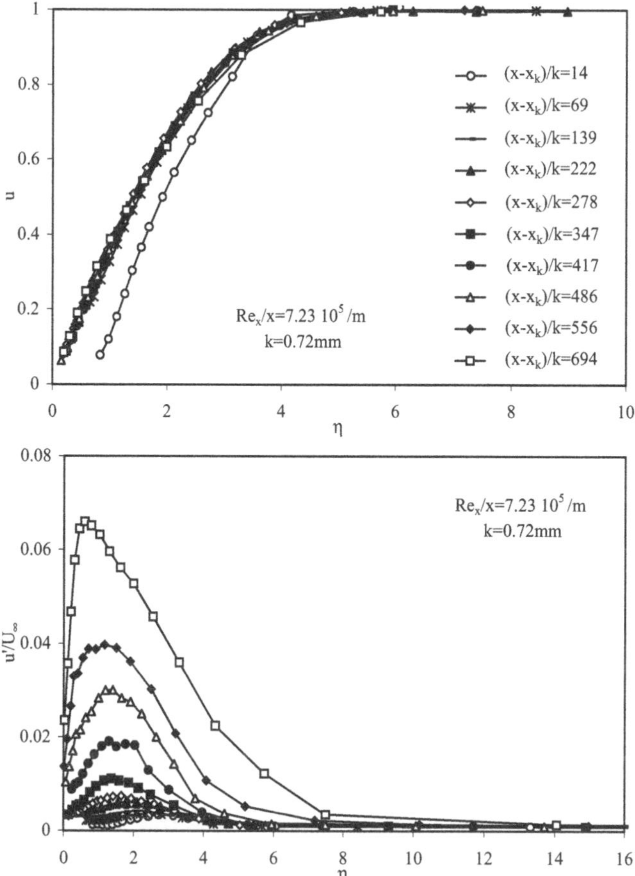

Abbildung 5.17: Profile der mittleren Geschwindigkeit und der turbulenten Schwankungen bei k=0.72mm.

stromabwärts entstehen größere Abweichungen vom Verhalten einer laminaren Grenzschicht. Wichtig ist hierbei zu beachten, dass diese Auftragung der Geschwindigkeitsverteilungen gegenüber dem dimensionslosen Grenzschichtparameter η nicht mehr zu einer universellen Darstellung führen kann, sobald die Grenzschichtdicke durch das Einsetzen von Turbulenz schneller als laminar zunimmt. Demnach kann das Abweichen vom Verhalten einer Blasius'schen Grenzschicht als ein mögliches Transitionskriterium verwendet werden. Diese Analyse deckt sich nahezu mit der Methode der Umschlagsortbestimmung

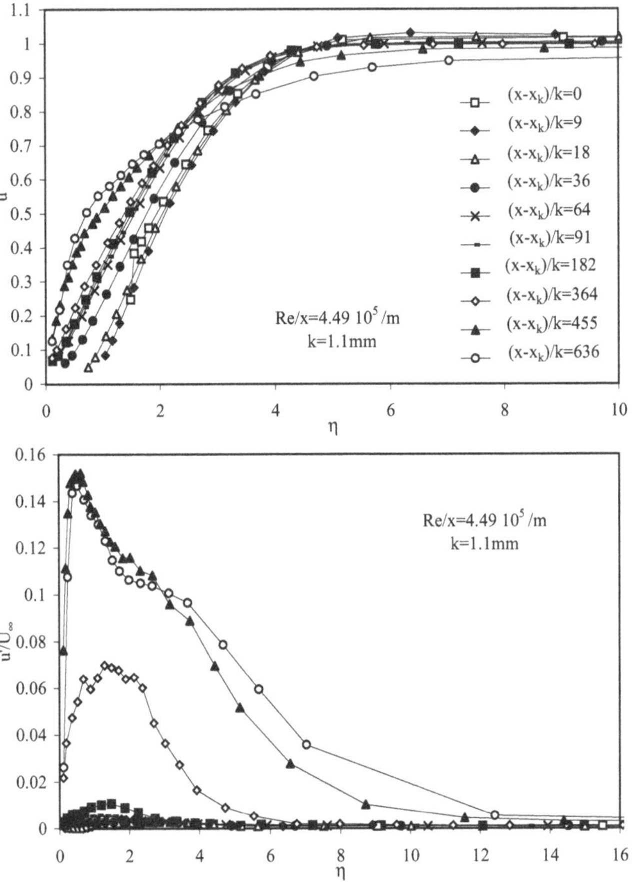

Abbildung 5.18: Profile der mittleren Geschwindigkeit und der turbulenten Schwankungen bei k=1.1mm.

durch Druckmesssonden (siehe oben). Für $k = 0.52mm$ kommt es zu ersten Abweichungen vom laminaren Geschwindigkeitsprofil ab $(x - x_k)/k = 385$. Bis zu der letzten untersuchten Position werden die Profile nun zunehmend fülliger, u_τ steigt weiter an. Dennoch ist auch bei dieser größeren Anströmgeschwindigkeit die Umbildung von der Plattengrenzschicht nach Blasius zur vollturbulenten Grenzschicht noch nicht abgeschlossen.

Für eine Charakterisierung der Gestalt der Grenzschicht ist der Formparameter $H_{12} =$

δ_1/δ_2, der das Verhältnis aus Verdrängungs- und Impulsverlustdicke darstellt, eine aussagekräftige Größe. Der Übergang laminar-turbulent spiegelt sich in einer starken Abnahme des Formparameters wider, wobei $\delta_1 = \int_0^\infty (1-u)dx_2$ die Verdrängungsdicke und $\delta_2 = \int_0^\infty u(1-u)dx_2$ die Impulsverlustdicke ist. Alle drei Größen sind in Abbildung 5.19 für $k = 0.52mm$ aufgetragen. Zum Vergleich ist die Impulsverlustdicke für das Grenzschicht-

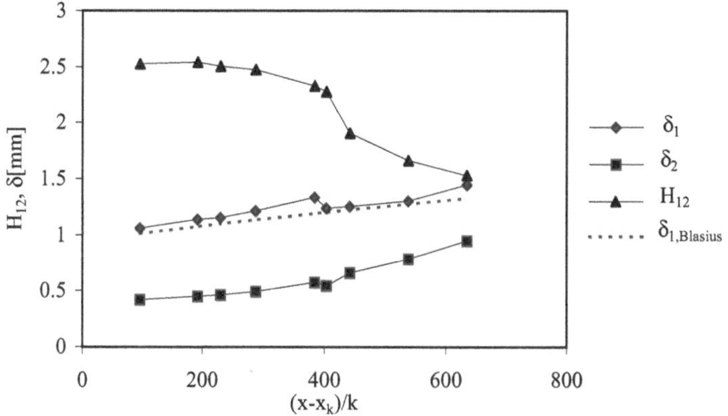

Abbildung 5.19: Verdrängungsdicke δ_1, Impulsverlustdicke δ_2 und Formparameter H_{12}.

wachstum ohne Hindernis angegeben. Es lassen sich folgende drei Bereiche untergliedern:

- Für $\frac{x-x_k}{k} \leq 300$ bleibt der Formparameter nahezu konstant auf einem Wert von 2.59, ein Zeichen dafür, dass eine laminare Geschwindigkeitsverteilung vorliegt. Die einzige Wirkung des Hindernisses scheint zu sein, dass sowohl δ_1 als auch δ_2 um etwa 5 Prozent größer sind als ohne Hindernis. Die Verdrängungswirkung durch das Rauigkeitselement hat also zu einer leichten Vergrößerung der Grenzschicht geführt. Eine Anpassung der Profile nach dem Hindernis ergibt, dass sich die effektive Lauflänge deutlich vergrößert hat: sie beträgt jetzt statt $32mm$ etwa $75mm$.

- Im Bereich des Strömungsumschlags ($\frac{x-x_k}{k} \approx 400$) sinkt H_{12} um den Großteil der Differenz zwischen 2.59 und dem Wert für eine turbulente Grenzschicht von 1.4 ab. Die Verdrängungsdicke nimmt in diesem Bereich etwas ab als Zeichen für den Übergang zu den fülligeren tubulenten Strömungsprofilen.

- Am Ende des untersuchten x_1-Bereiches ($\frac{x-x_k}{k} \geq 500$) ist die Grenzschicht turbulent und entwickelt sich deutlich schneller als im laminaren Fall.

Für $k = 0.72mm$ wird erst bei der letzten gemessenen Position ein Abweichen vom laminaren Verhalten deutlich erkennbar. Bei der größten untersuchten Rauigkeit ($k = 1.1mm$) hingegen sind wieder alle wichtigen Transitionsstadien zu erkennen.

Ein Einblick in die Wirkung des Rauigkeitselements in früheren Stadien kann aus den Profilen der Geschwindigkeitsfluktuationen gewonnen werden (Abbildungen 5.16 bis 5.18, jeweils unten). Bereits für die Positionen, die dem Hindernis am nächsten sind, steigen die Schwankungen in Wandnähe sehr schnell auf Werte, die ein Vielfaches der Fluktuationen in einer ungestörten Grenzschicht sind. Auffallend bei den RMS-Verteilungen ist das scharfe Maximum in einem Wandabstand von etwa einem Zehntel der Grenzschichtdicke, dessen Intensität mit zunehmender Distanz vom Rauigkeitselement schell anwächst. Für $k = 0.52mm$ ist deutlich zu erkennen, wie sich die Fluktuationen in den späteren Transitionsstadien entwickeln. Solange die Schwankungen nicht zu groß werden, ist das Anwachsen des Maximums näherungsweise durch exponentielles Wachstum gegeben. Dies ist konsistent mit einer Verstärkung von Tollmien-Schlichting-Wellen. Eine weitergehende Untersuchung dieses Sachverhaltes wird durch die Untersuchung der Frequenzinformation ermöglicht (siehe unten).

Im weiteren Verlauf erreicht das wandnahe Maximum bei $(x-x_k)/k = 442$ seinen höchsten Wert, um dann langsam wieder abzufallen. Weiterhin bemerkenswert ist das Auftreten einer Schulter in der RMS-Verteilung bei größeren Wandabständen, wobei der Wandabstand der Schulter mit dem Anwachsen der Grenzschichtdicke zunimmt. Beide Beobachtungen können durch intermittente Effekte erlärt werden: Durch das Hin- und Herspringen zwischen laminarem und turbulentem Zustand und somit zwischen Blasiusgrenzschicht und turbulenter Grenzschicht werden je nach Wandabstand verschieden große zusätzliche Schwankungen erzeugt (vgl. Abschnitt 4.2).

Interessant ist es auch, die Entwicklung der statistischen Größen bei einem konstanten Wandabstand zu betrachten. In Abbildung 5.20 wurde für das größte untersuchte Hindernis ($k = 1.1mm$) ein Wandabstand von $1.2mm$ gewählt. Deutlich ist auch hier wieder die Reduktion der mittleren Geschwindigkeit am Ort des Hindernisses, die Rückentwicklung und schließlich nach einer von der Außengeschwindigkeit abhängigen Lauflänge der Übergang zu einer turbulenten Grenzschicht zu beobachten. Für die größte untersuchte Geschwindigkeit kommt es allerdings zum Umschlag, bevor die Rückentwicklung abgeschlossen werden kann: Es liegt eine „Bypass-Transition" vor. Die Geschwindigkeitsschwankungen zeigen eine Verminderung der Intensität am Ort des Hindernisses, anschließend ein starkes Wachstum und eine Überhöhung der Intensität durch intermittente Effekte, bevor ein Sättigungswert von etwa 10% erreicht wird.

Ähnlich stellt sich der Sachverhalt bei einem Wandabstand von $x_2 = 0.7mm$ dar. Die Daten für zwei verschiedene Außengeschwindigkeiten sind in Abbildung 5.21 aufgetragen. Mit den Pfeilen sind diejenigen Positionen markiert, die im weiteren Verlauf noch genauer betrachtet werden sollen.

Bis zu diesem Punkt wurden lediglich die statistischen Größen betrachtet. Um mehr über die Mechanismen der Strömungsinstabilitäten zu erfahren, benötigt man aber auch Informationen über die Entwicklung der Schwankungen im Frequenzspektrum. In Abbildung 5.22 sind kurze Auszüge aus den Zeitreihen in verschiedenen Stromab-Positionen miteinander verglichen. Die Daten sind wiederum in gleichen Wandabständen aufgenommen ($y = 0.7mm$). In Abbildung 5.23 sind die zugehörigen Frequenzspektren für die verschiedenen Bereiche aufgetragen. Die Störungsentwicklung kann in die folgenden Abschnitte untergliedert werden:

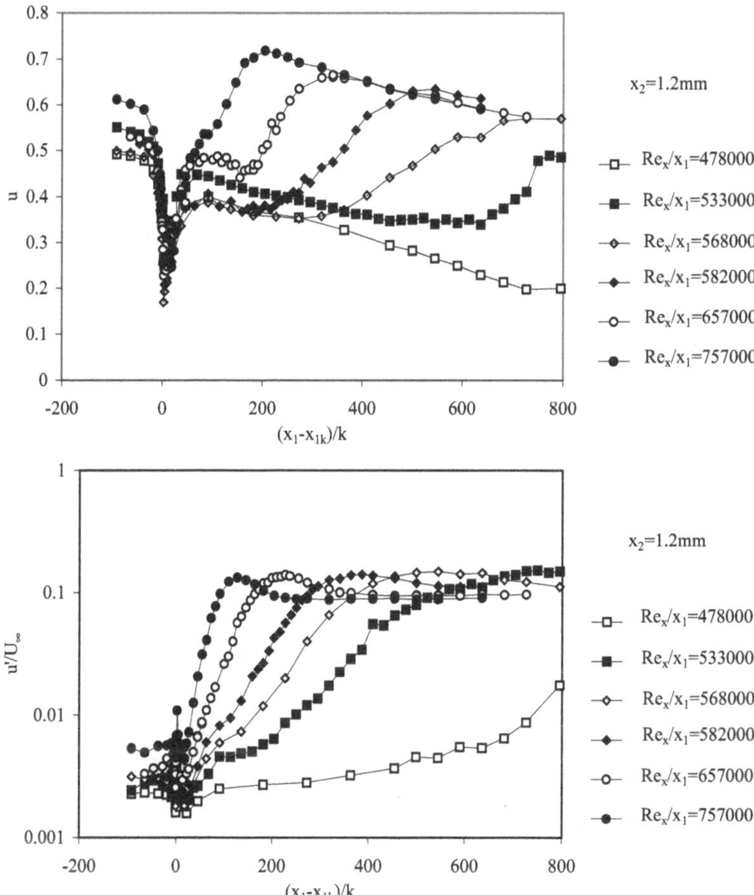

Abbildung 5.20: Mittlere Geschwindigkeiten und RMS-Werte für einen konstanten Wandabstand von $1.2mm$ in Abhängigkeit von der Stromab-Position.

- $\frac{x-x_k}{k} \leq 80$: Im Bereich kleiner relativer Schwankungen (lineare Verstärkung) dominieren Oszillationen bei Frequenzen von etwa $100Hz$, die durch die Existenz von Tollmien-Schlichting-Wellen erklärt werden können.

- $\frac{x-x_k}{k} \geq 100$: Sobald der Bereich linearer Verstärkung verlassen wird, werden den niederfrequenten Schwankungen höherfrequente Oszillationen überlagert. Es treten

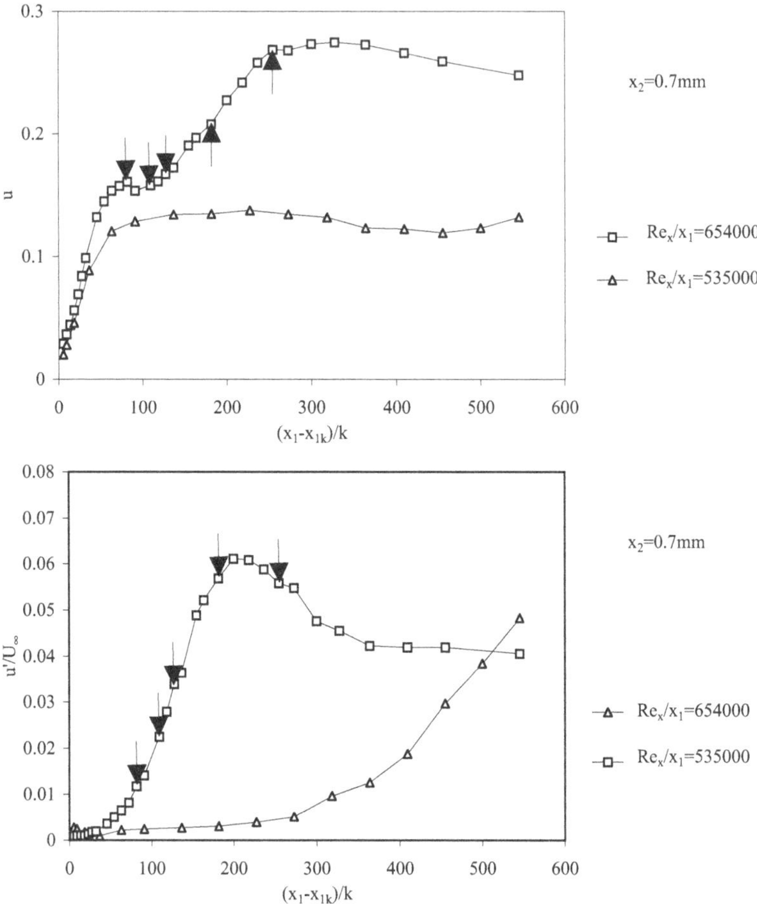

Abbildung 5.21: Mittlere Geschwindigkeiten und RMS-Werte für einen konstanten Wandabstand von $0.7mm$ in Abhängigkeit von der Stromab-Position.

harmonische Schwingungen auf, deren Frequenzen Vielfache der Grundschwingung sind. Diese Beobachtung kann mit einer Transition über Frequenzverdoppelung erklärt werden. Die Beobachtung von klar unterscheidbaren höherharmonischen Oszillationen ist auch insofern bemerkenswert, als im vorliegenden Experiment die Grenzschicht nicht mit einer bestimmten Frequenz künstlich angeregt wurde. Sie ist ein klarer Beleg für das Auftreten des in Abschnitt 2.1.2 beschriebenen Szenariums.

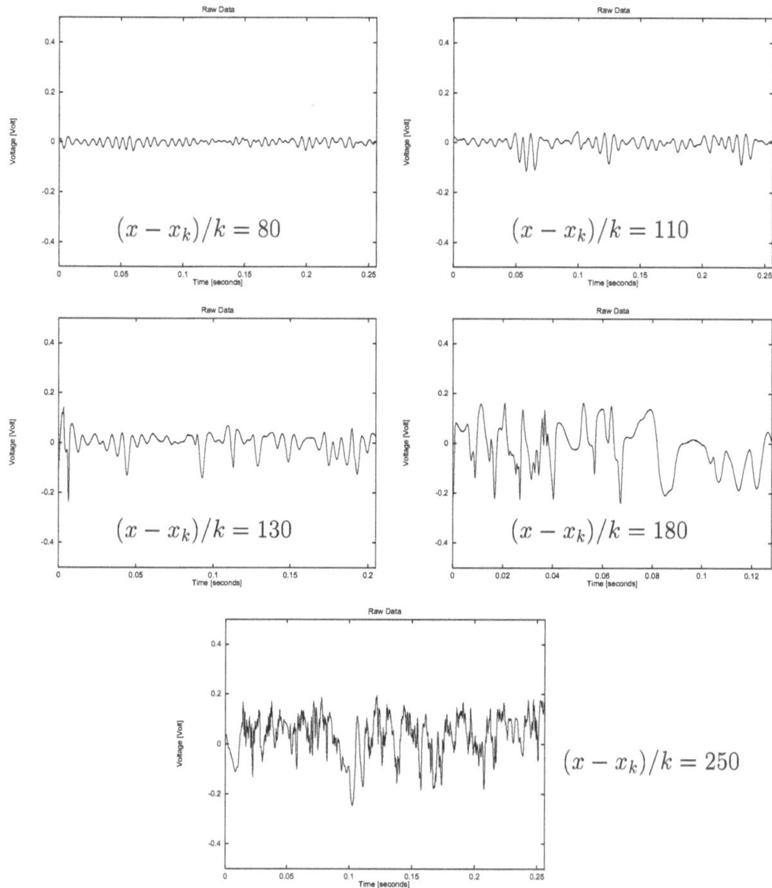

Abbildung 5.22: Darstellungen von Zeitreihen für $k = 1.1mm$ bei konstantem Wandabstand von $0.7mm$ für verschiedene Stromab-Positionen

- $\frac{x-x_k}{k} \geq 130$: Das Verhalten der Strömung wird zunehmend unvorhersagbar und chaotisch. Die angeregten Schwankungsfrequenzen nehmen immer kleinere Werte an. „Spikes“ in den Zeitreihen deuten auf die Entstehung von dreidimensionale Strukturen hin. Das Auftreten von intermittenten Effekten kann besonders gut bei Betrachtung der Zeitreihen identifiziert werden: Abschnitte großer Fluktuationen wechseln sich mit Abschnitten kleiner Fluktuationen ab. Mit einer weiteren Stromabbewegung wächst der Anteil derjenigen Zeitabschnitte, in denen der turbulente Zustand vorliegt, immer mehr an.

- Bei noch größeren normierten Abständen ($\frac{x-x_k}{k} \geq 250$) bildet sich das für eine vollentwickelte turbulente Strömung charakteristische Frequenzspektrum heraus, bis schließlich der Zustand dynamischen Gleichgewichts zwischen der Produktion von Turbulenzenergie auf großen Skalen und der Dissipation von Energie auf kleinen Skalen erreicht ist.

Zusammenfassend kann also festgehalten werden, dass der Strömungsumschlag mit einem starken Wachstum von Fluktuationen einhergeht, welche schließlich über nichtlineare Effekte zu einer Deformation des mittleren Strömungsfeldes führt.

5.4 Beschreibung von Transition im Rahmen der Invariantentheorie

Every sentence that I utter must be understood not as an affirmation, but as a question.

Bohr, Niels Henrik David (1885-1962)

Die Eintragung transitionaler Daten in die Invariantenkarte erlaubt ein besseres Verständnis der Entstehung von Turbulenz.

Der Hauptzweck der folgenden Untersuchungen ist die Behandlung transitionaler Prozesse unter Verwendung der Werkzeuge, die für die Beschreibung turbulenter Strömungen entwickelt wurden. Für turbulente Strömungen scheint die Anisotropie der Turbulenz der einflussreichste Faktor zu sein, der die dynamischen Eigenschaften der Turbulenz bestimmt. In den Abschnitten 4.4 und 4.5 wurden die Schlussfolgerungen geschildert, die sich aus einer Beschreibung turbulenter wandnaher Strömungen mittels Invarianten-Theorie nach Lumley ergeben. Da Transition den Anfang aller Turbulenz darstellt, ist mit deren Untersuchung die Hoffnung verbunden, etwas über den kontinuierlichen Erzeugunsprozess von Turbulenz zu lernen.

In diesem Zusammenhang kann man die folgenden Fragen stellen:

- Welche physikalischen Prozesse spielen sich bei kleinen turbulenten und laminaren Reynoldszahlen ab? Wie sieht der Trend in der Invariantenkarte für experimentelle Daten aus, wenn die Reynoldszahl sinkt? Gibt es klare Anzeichen in der Invariantenkarte für ein Szenarium, mit welchem eine Simulation laminarer Strömungen erreicht werden kann ($k \to 0$)?

- Zeigt der Übergang zwischen turbulenter und laminarer Strömung ein ähnliches Verhalten wie für Strömungsbedingungen, in denen Relaminarisierung auftritt?

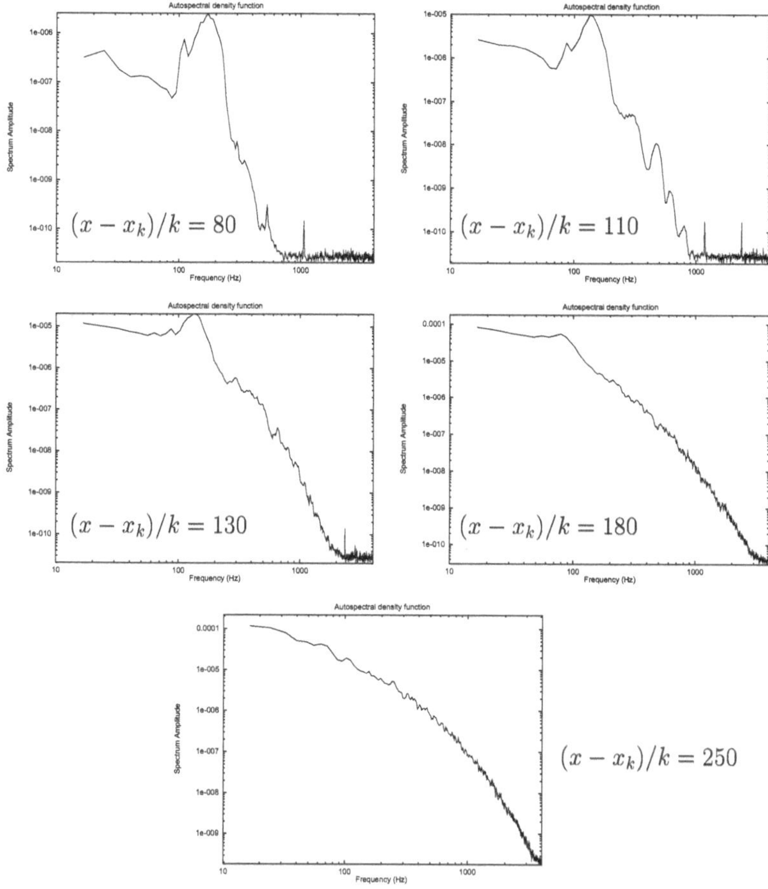

Abbildung 5.23: Spektraldichteverteilungen für $k = 1.1mm$ bei konstantem Wandabstand von $0.7mm$ für verschiedene Stromab-Positionen

- Kann man aus den Messungen herausfinden, wie die Turbulenz in die Anisotropie-Invariantenkarte eindringt? Kann man einen Eckpunkt auf der Invariantenkarte mit Transition oder mit transitionaler Instabilität in Verbindung bringen? Wie entwickelt sich die Turbulenz in der Anisotropie-Invariantenkarte in den frühen Stadien des Transitionsprozesses?

- Für den transitionalen Zustand ist interessant, in welchem Reynoldszahl-Bereich sich die Invarianten um die Grenze für das Zweikomponentenlimit gruppieren. Was sind die Besonderheiten von Zweikomponenten-Turbulenz als eine Näherung des Transitionsprozesses bzw. von wandnaher Turbulenz? Wie ändert sich die Position der Invarianten entlang des Zweikomponentenlimits mit Fortschreiten des Transitionsprozesses?

- Wie entwickeln sich die Invarianten mit dem Verlassen des Zweikomponentenzustandes?
- Welches Szenarium ergibt sich für die Endstadien der Transition bis hin zur vollentwickelten Turbulenz?

Die Klärung dieser Fragen erfordert ein Vorgehen, welches die genaue experimentelle Ermittelung der aussagekräftigen Größen in wandgebundenen Strömungen zulässt. Zur Bestimmung der Invarianten III_a und II_a ist die Messung aller drei Geschwindigkeitskomponenten nötig. Das Ziel ist es, zu einem Verständnis der physikalischen Vorgänge zu kommen und ein Modell zur Beschreibung von Transition zu entwickeln.

Im letzten Abschnitt hatte sich bereits der Übergang von zweikomponentigen zu dreikomponentigen Schwankungen im Auftreten inkomensurabler Frequenzen und dem Übergang zu chaotischem Verhalten manifestiert. In der Invariantenkarte nach Lumley (1977) sollte dieser Übergang beobachtbar sein und Erkenntnisse über die Entstehung von Turbulenz ermöglichen.

In verschiedenen Abständen von der Plattenvorderkante wurden Profile des Reynoldsspannungstensors und aller wichtigen statistischen Momente aufgenommen. Hierdurch lassen sich die Komponenten des Anisotropietensors a_{ij} und seine Invarianten II_a und III_a bestimmen. Die Invarianten liefern die Möglichkeit, die Entwicklung der Turbulenz in der Anisotropie-Invariantenkarte zu studieren. Die Eintragung der Daten in die Invariantenkarte kann somit Aufschlüsse über die Mechanismen des Strömungsumschlags liefern. Im weiteren Verlauf werden die Daten miteinander verglichen, die an einer festen Position, jedoch bei verschiedenen Anströmgeschwindigkeiten (zwischen $7.6m/s$ und $11m/s$) aufgenommen wurden. Da mit einer Erhöhung von U_∞ eine Bewegung in Richtung auf das Hindernis verbunden ist, entsprechen die diskutierten Datensätze verschiedenen Entwicklungsstadien des laminar-turbulenten Strömungsumschlags. In den Abbildungen 5.24 bis 5.27 (jeweils oben) sind die Schwankungswerte der Geschwindigkeit als Funktion des Wandabstandes für verschiedene Außengeschwindigkeiten aufgezeigt. Nach der Berechnung der Invarianten II_a und III_a wurden die Daten in die Invariantenkarte (Abbildung jeweils unten) eingetragen. Die Messungen wurden in einem Abstand von $0.3m$ $(x - x_k/k = 270m)$ nach einem quaderförmigen Hindernis der Höhe $1.1mm$ durchgeführt. Für die kleinste untersuchte Außengeschwindigkeit $(Re_x/x_1 = 5.1\ 10^5\mathrm{m}^{-1})$ sind die Fluktuationen so klein, dass sie im Rauschen und in der Hintergrundturbulenz verschwinden. Somit kann die Auftragung der Daten in der Invariantenkarte keine zusätzliche Informationen liefern. Die Messdaten sind sowohl innerhalb als auch außerhalb des Invariantendreiecks vorzufinden, erfüllen also nicht das Kriterium physikalischer Realisierbarkeit.

Für $Re_x/x_1 = 5.6\ 10^5 m^{-1}$ liegt ein Zustand vor, in welchem lediglich zwei der drei Schwankungskomponenten deutlich von Null verschiedene Werte annehmen. Die Daten gruppieren sich daher um das Zweikomponentenlimit. Auch hier liegen nicht alle Messpunkte

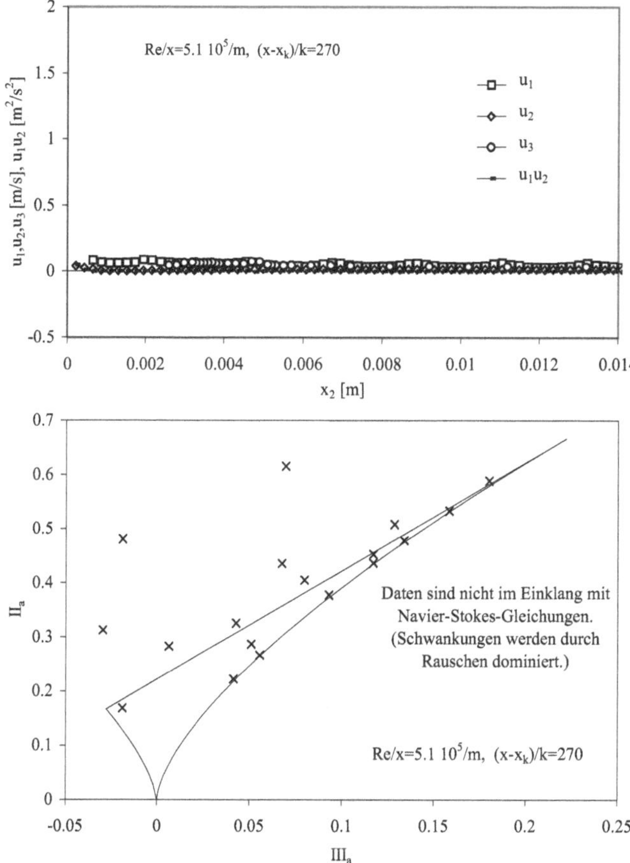

Abbildung 5.24: Normal- und Reynoldsspannungen und Eintragung der Werte in die Invariantenkarte für den laminaren Fall.

innerhalb des Invariantendreiecks, was insbesondere auf die erhöhte Messunsicherheit der u_3-Komponente, bei deren Messung die Laserstrahlen nahezu senkrecht auf die Plattenoberfläche trafen, zurückzuführen ist. Gegenüber dem zuvor betrachteten Datensatz fällt auf, dass sich die Werte in Richtung des rechten oberen Eckpunktes der Invariantenkarte, welcher ja der Einkomponententurbulenz entspricht, verschoben haben. Die Erklärung hierfür kann das Einsetzen von Intermittenz liefern: Durch das Hin- und Herwechseln zwischen laminaren und turbulenten Zuständen steigt die u_1-Komponente sehr viel schneller

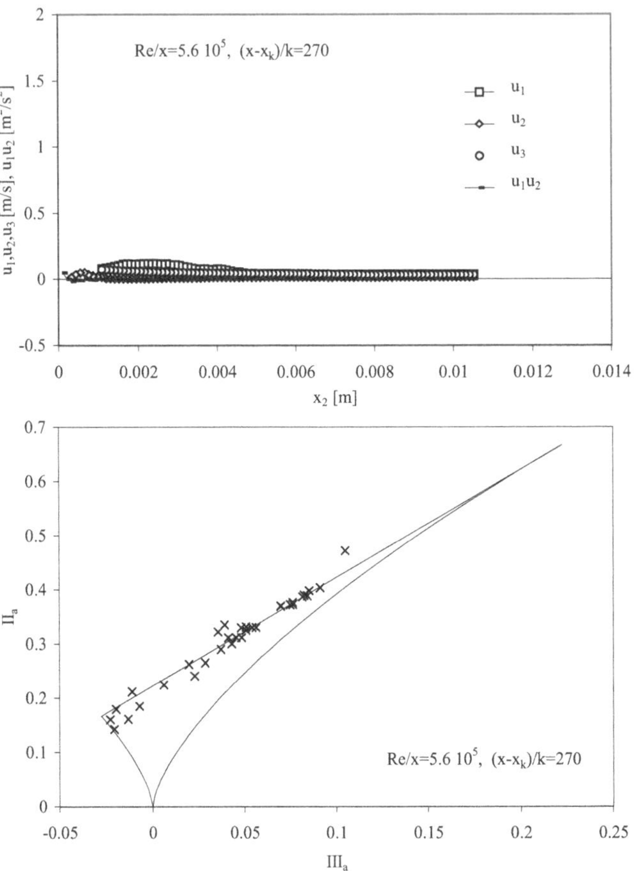

Abbildung 5.25: Normal- und Reynoldsspannungen und Eintragung der Werte in die Invariantenkarte für Tollmien-Schlichting-Wellen kleiner Amplitude.

an als die u_2-Komponente.

Für den dritten Datensatz bei $Re_x/x_1 = 6.4\ 10^5 m^{-1}$ liegt ein späteres Stadium des Strömungsumschlags vor. Die Schwankungsintensitäten sind nun deutlich angewachsen, haben jedoch immer noch im Wesentlichen zweikomponentigen Charakter. Die Daten liegen daher weiterhin in der Nähe der Begrenzung der Invariantenkarte, welche dem Zweikomponentenzustand entspricht.

Wird die Geschwindigkeit nun weiter erhöht ($Re_x/x_1 = 7.3\ 10^5 m^{-1}$), ist der Übergang zu

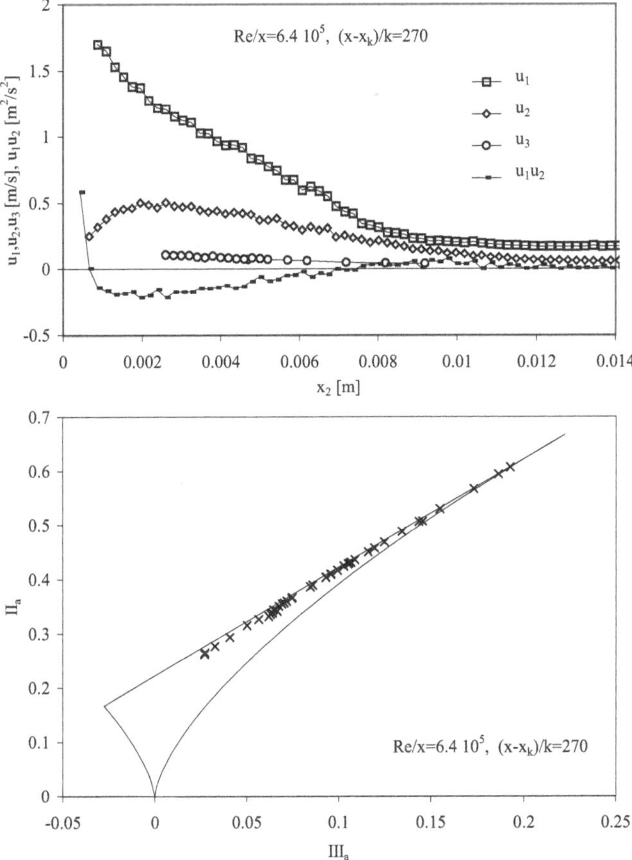

Abbildung 5.26: Normal- und Reynoldsspannungen und Eintragung der Werte in die Invariantenkarte für transitionale Grenzschichtströmung mittlerer Amplitude.

Strömungsschwankungen in allen drei Komponenten zu beobachten. Die Daten verlassen das Zweikomponentenlimit und bewegen sich in Richtung der Grenze für axialsymmetrische Turbulenz. Lediglich in unmittelbarer Wandnähe verbleiben die Daten an der oberen Begrenzung des Invariantendreiecks. Diese Eigenschaft stimmt mit dem in Abschnitt 4.4 beschriebenen Verhalten vollturbulenter Strömungen in Wandnähe überein. Die Strömung ist zwar für den hier betrachteten Fall immer noch deutlich intermittent, zeigt aber in der

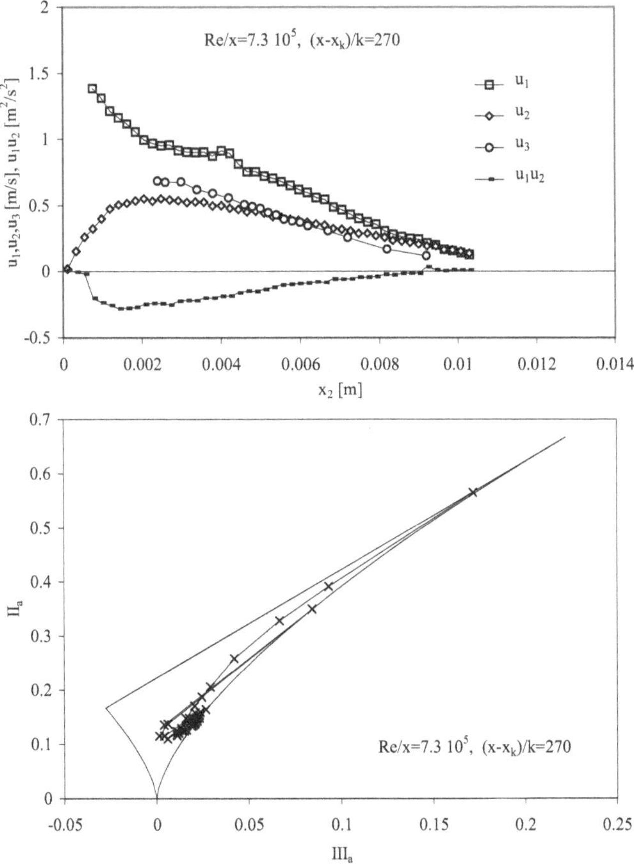

Abbildung 5.27: Normal- und Reynoldsspannungen und Eintragung der Werte in die Invariantenkarte für turbulente Grenzschichtströmung.

Invariantenkarte bereits Züge vollentwickelter Turbulenz (Fischer *et al.* 2000*b*).

Es sei an dieser Stelle noch angemerkt, dass die hier gezeigten Resultate den Ausgangspunkt für weitere Untersuchungen für eine Behandlung im Rahmen der Invariantentheorie darstellen. Hierbei wäre es von Vorteil, die Experimente mit einem LDA-System in Vorwärtsstreuung durchzuführen, um das Verhältnis zwischen Signal und Rauschen deutlich zu verbessern. Dennoch war es bei den hier beschriebenen Untersuchungen bereits möglich, grundlegende Entwicklungen der Daten in der Invariantenkarte zu zu skizzieren.

So konnte die Gruppierung und die Veränderung der Daten in der Nähe des Zweikomponentenlimits beobachtet werden. Es zeigte sich, dass mit der zunehmenden Weiterentwicklung des Umschlagsprozesses lediglich der wandnahe Bereich in der Nähe dieser oberen Begrenzung der Invariantenkarte verbleibt, was als Hinweis darauf verstanden werden kann, dass in diesem Gebiet weiterhin ein Zustand vorliegt, der analog zu transitionaler Instabilität ist.

Die aus der experimentellen Untersuchungen transitionaler Strömungen gewonnen Daten können die Grundlage für die Ausarbeitung eines physikalischen Modells sein, welches die verschiedenen Vorgänge schlüssig erklären kann. Ziel dieses Vorgehens ist es, einen geschlossenen Satz von Gleichungen zu entwickeln, mit welchem man dann in der Lage ist, die Entwicklung der ersten Stadien von Transition vorherzusagen. Zudem kann Transition als ein Grenzfall turbulenter Strömungen aufgefasst werden, wodurch das Wissen über die Turbulenzmodellierung erweitert werden kann. In einer ersten Annäherung kann man nun versuchen, den Transitionsprozess im Grenzfall der Zweikomponenten-Turbulenz zu modellieren. Hier gilt es, die Werkzeuge der Zweipunkt-Korrelationstechnik und der Invarianten-Theorie zu verwenden, um eine Schließung für die Reynoldsspannungs-Transportgleichung

$$\begin{aligned}\frac{\partial\overline{u_iu_j}}{\partial t}+\overline{U}_k\frac{\overline{u_iu_j}}{\partial x_k}= & \underbrace{-\overline{u_ju_k}\frac{\partial\overline{U}_i}{\partial x_k}-\overline{u_iu_k}\frac{\partial\overline{U}_j}{\partial x_k}}_{P_{ij}} \\ & \underbrace{-\frac{\partial\overline{u_iu_ju_k}}{\partial x_k}}_{T_{ij}}\underbrace{-\frac{1}{\rho}[\overline{u_j\frac{\partial p}{\partial x_i}}+\overline{u_i\frac{\partial p}{\partial x_j}}]}_{\Pi_{ij}}\underbrace{-2\nu\overline{\frac{\partial u_i}{\partial x_k}\frac{\partial u_i}{\partial x_k}}}_{-2\epsilon_{ij}}+\underbrace{\nu\frac{\partial^2\overline{u_iu_j}}{\partial x_k\partial x_k}}_{D_{ij}}\end{aligned} \tag{5.12}$$

entlang des Zweikomponentenzustandes der Strömung zu entwickeln. Im Rahmen von Reynoldsspannungsmodellen sind der Produktionsterm P_{ij} und der Diffusionsterm D_{ij} in Gleichung (5.12) exakt gegeben und bedürfen keiner Modellierung. Man kann zeigen, dass für diese Bedingung die unbekannten Terme in der obigen Gleichung, wie die Geschwindigkeits-Druckgradienten-Korrelationen

$$\Pi_{ij}=-\frac{1}{\rho}[\overline{u_j\frac{\partial p}{\partial x_i}}+\overline{u_i\frac{\partial p}{\partial x_j}}], \tag{5.13}$$

die Dissipationsrate

$$\epsilon_{ij}=\nu\overline{\frac{\partial u_i}{\partial x_k}\frac{\partial u_j}{\partial x_k}} \tag{5.14}$$

und der Transport von $\overline{u_iu_j}$

$$T_{ij}=-\frac{\partial\overline{u_iu_ju_k}}{\partial x_k} \tag{5.15}$$

unter Verwendung der Invarianten-Näherung analytisch behandelt werden können. Für Zweikomponenten-Turbulenz kann diese Aufgabe geleistet werden, indem man deren Grenzzustände in der linken und rechten Ecke des „Turbulenzdreiecks" betrachtet, die dem isotropen Zweikomponentenlimit und dem Einkomponentenlimit entsprechen. Das Verhalten der unbekannten Turbulenzkorrelationen in Gleichung (5.12) in diesen Grenzzuständen kann durch Betrachtung axialsymmetrischer Turbulenz erhalten werden. Wenn erst die Situation an diesen zwei Zuständen erfasst ist, kann man diese Ergebnisse analytisch für die Zustände entlang des Zweikomponentenlimits unter Verwendung der Invariantenfunktionen anpassen. An dieser Stelle ist es sehr wichtig, zu erwähnen, dass solche Ableitungen durch DNS-Daten wandgebundener Strömungen unterstützt werden. So kann man zum Beispiel zeigen, dass ϵ_{ij} in Zweikomponententurbulenz die folgende Form hat (Jovanović, Ye und Durst 1992):

$$\epsilon_{ij} = \frac{1}{4}\nu\Delta_x\overline{u_i u_j} + \left(\epsilon - \frac{1}{4}\nu\Delta_x q^2\right)\frac{\overline{u_i u_j}}{q^2} \tag{5.16}$$

wobei Δ_x der Laplace-Operator ($\Delta_x = \frac{\partial^2}{\partial x_k \partial x_k}$) ist und ϵ die Spur des Dissipationstensors ($\epsilon = \epsilon_{ss}$).

Kapitel 6

Zusammenfassung

Now this is not the end. It is not even the beginning of the end.
But it is, perhaps, the end of the beginning.
Winston Churchill, 1874 - 1965

Gegenstand der vorliegenden Dissertation ist die Untersuchung wandnaher turbulenter Strömungen. Die durchgeführten Arbeiten sollen zu einem Verständnis der Mechanismen beitragen, welche die Erzeugung von Turbulenz bei wandgebundenen Strömungen bestimmen. Durch die Berücksichtigung des Einflusses der der Reynoldszahl konnte eine Verbindung hergestellt werden zwischen Strömungen kleiner Reynoldszahlen, wie sie experimentellen und numerischen Studien zugänglich sind, und solchen bei hohen Reynoldszahlen, wie sie in den meisten technischen Realisierungen vorkommen. Das hinter den Untersuchungen stehende Ziel ist eine Erweiterung des Gültigkeitsbereiches von Turbulenzmodellen auf Gebiete, in denen die Inhomogenität der Strömung und die Anisotropie der turbulenten Schwankungen eine nicht zu vernachlässigende Rolle spielen. Als Methodik wurde in der vorliegenden Arbeit eine Kombination aus theoretischen Betrachtungen und experimentellen Untersuchungen gewählt.

Die Durchführung genauer und ortsaufgelöster Messungen der wichtigsten statistischen Größen erfordert die Ausdehnung des Einsatzbereiches der Laser-Doppler-Anemometrie auf den unmittelbaren Wandbereich. Durch die optimierte Auslegung und Justierung der verwendeten Laser-Doppler-Systeme und durch die analytische Behandlung der räumlichen und zeitlichen Integrationseffekte von LDA-Messvolumen wurde es möglich, eine zuverlässige Methodik zur Bestimmung lokaler Turbulenzgrößen zu entwickeln. Es stellte sich heraus, dass insbesondere die turbulenten Schwankungen in Wandnähe korrigiert werden müssen. Referenzmessungen in laminaren Strömungen können hierbei Aufschluss über die für die Korrekturgleichungen relevante Ausdehnung des Messvolumens. Die in dieser Arbeit dargestellte Verfeinerung bzw. Erweiterung der LDA-Messtechnik erhöht die erreichbare Genauigkeit wandnaher Strömungsuntersuchungen. Das herausgearbeitete Verfahren kann Eingang in die Durchführung von LDA-Messungen mit grundlagen- bzw. anwendungsorientiertem Hintergrund finden.

Aus den Anforderungen an die statistische Genauigkeit ergeben sich Restriktionen für die Dimensionierung von Versuchsanlagen. Diese wurden bei der Auslegung der experimentellen Aufbauten in der vorliegenden Arbeit berücksichtigt. Als Vorarbeit für die Generierung eines experimentellen Datensatzes turbulenter zweidimensionaler Kanalströmung war es erforderlich, den vollentwickelten Strömungszustand sicherzustellen. Die Rolle von turbulenzbeschleunigenden Rauigkeitselementen auf die Strömungsentwicklung wurde geklärt. Durch den Vergleich der gemessenen Turbulenzgrößen bei verschiedenen Abmessungen der Rauigkeitselemente wurden die verschiedenen Zustände der Strömung voneinander unterschieden. Für den in dieser Arbeit interessierenden Bereich kleiner und mittlerer Reynoldszahlen stellte sich ein Versperrungsgrad durch die Rauigkeiten von 15% am Kanaleinlass als optimal für die Gewährleistung vollentwickelter Strömungsbedingungen heraus.

Für eine repräsentative Auswahl von Reynoldszahlen zwischen $Re = 3000$ und $Re = 25000$ wurden experimentelle Datensätze der statistischen Momente bis zur vierten Ordnung generiert. Die Messergebnisse wurden analysiert und untereinander verglichen, um den Einfluss der Reynoldszahl auf die Strömung im wandnahen Bereich zu untersuchen. Eine wichtige Fragestellung der experimentellen Arbeiten betraf die Gültigkeit eines universellen Gesetzes an der Wand. Es stellte sich heraus, dass sich die turbulente Schwankungsenergie bei der Normierung mit „inneren" Variablen beim Übergang von kleinen turbulenten Reynoldszahlen zu großen Reynoldszahlen etwa verdoppelt. An der Wand ist die turbulente kinetische Energie vollständig durch die turbulente Dissipationsrate definiert. Für ein genaues Verständnis der Reynoldszahl-Effekte im wandnahen Bereich wurde daher eine detaillierte theoretische Analyse der funktionalen Zusammenhänge in den Bilanzgleichungen für die turbulente kinetische Energie und die turbulente Dissipationsrate durchgeführt. Die Einbeziehung der in der Literatur zugänglichen numerischen Datensätze wandgebundener Strömungen lieferte einen Einblick in das Verhalten der einzelnen Terme in den Bilanzgleichungen. Demnach kann die analytisch beschreibbare Reynoldszahlabhängigkeit der Turbulenzproduktion die Änderung der an der Wand dissipierten Energie nicht erklären. Hieraus ergibt sich die Notwendigkeit, die Bilanzgleichung für die Dissipationsrate zu analysieren. Da die Komponentalität und Dimensionalität turbulenter Strömungen durch die Anwesenheit einer festen Bewandung beeinflusst wird, müssen die Auswirkungen von Inhomogenität und Anisotropie für eine konsistente Modellierung von Turbulenzgrößen berücksichtigt werden. Dies ist durch den Einsatz der Zweipunktkorrelationstechnik und der Anisotropie-Invariantentheorie zu erreichen. Aus der Bilanzierung der Dissipationsrate folgt, dass an der Wand ausschließlich die Differenz zwischen der turbulenter Produktion durch Wirbelfadenstreckung und der viskosen Vernichtung für die Reynoldszahleinflüsse verantwortlich ist. Während die Strömung in der viskosen Unterschicht über ziemlich lange Zeitabschnitte zweidimensional und zweikomponentig ist, kann die Erzeugung von turbulenter Energie mit einem Umschlagen des wandnahen Bereichs zu dreidimensionalen und dreikomponentigen Strömungsstrukturen identifiziert werden. Es zeigte sich somit, dass die Mechanismen, die zum laminar-turbulenten Strömungsumschlag führen, ähnlich zu denen sind, die die kontinuierliche Produktion von turbulenter Energie bei wandgebundenen Strömungen bewirken. Die beschriebenen Zusammenhänge legen nahe, dass an der Wand der Senkenterm der Dissipationsgleichung ψ durch sein Verhalten im Zustand zweikomponentiger und zweidimensionaler Turbulenz beschrieben werden kann. Die Kontinuitätsgleichung zeigt, dass für einen solchen Zustand die Produktion durch Wirbelfadenstreckung verschwinden muss und dass eine einfache Dimensionsanalyse des Terms viskoser Vernichtung eine explizite Reynoldszahlabhängigkeit in die Dissipationsratengleichung bringt. In diesem Kontext muss erwähnt werden, dass bei Annäherung an die Wand die turbulente Längeneinheit, definiert als $L_t \sim q^3/\epsilon_h$, kontinuierlich abnimmt und mit dem Eintritt in die viskose Unterschicht einen Wert erreicht, der kleiner als das Kolmogorov'sche Mikrolängenmaß ist. Unter Berücksichtigung der numerischen Datensätze ergibt sich, dass der Wandgrenzwert von ϵ mit zunehmender Reynoldszahl ansteigen muss. Da eine Änderung der Dissipationsrate an der Wand aber mit einer Änderung der turbulenten kinetischen Energie einhergeht, konnte aus diesen Überlegungen die Ursache für die Verletzung des universellen Wandgesetzes bei kleineren Reynoldszahlen gefunden werden. Allerdings bleiben die Aussagen qualitativ und mit den Ergebnissen der numerischen Datensätze verbunden. Durch die Auswertung der experimentellen Daten wurde es möglich, den Wert für den Grenzfall großer Reynoldszahlen zu $\lim_{Re\to\infty} u_1'/U_1 = 0.40$ zu bestimmen. Die vorliegenden numerischen Datensätze lassen hingegen auf einen um etwa 5% höheren Wert für die wandnahen Schwankungen schließen.

Im letzten Abschnitt der Arbeit wurde der Vorschlag zu einer vereinheitlichten statistischen Behandlung von Zweikomponententurbulenz und dem Einsetzen von Turbulenz entwickelt. Die sich hieraus ergebenden Konsequenzen wurden durch die Untersuchung des laminar-turbulenten Strömungsumschlags einer zweidimensionalen Grenzschicht überprüft. Hierbei wurden die für turbulente Strömungen entwickelte Methoden auf die Instabilität laminarer Strömungen und das Auftreten von Intermittenz ausgedehnt. Ziel war es zum einen, den Grundstein für die Modellierung transitionaler Strömungen zu legen, und zum anderen, mehr über den Grenzfall der Zweikomponententurbulenz zu lernen, um somit die Modellierung im Rahmen der Invariantentheorie zu verbessern. Erstmals konnte für eine Grenzschicht, die *nicht* mit einer selektiven Störfrequenz angeregt wird, das Szenarium einer Transition über eine Kaskade von Frequenzverdoppelungen, welche anschließend von starken intermittenten Effekten abgelöst wird, nachgewiesen werden. Um die Frage nach der Komponentalität bei wandnahem Strömungsumschlag beantworten zu können und um eine Beschreibung im Rahmen der Invariantentheorie zu ermöglichen, wurden LDA-Messungen aller drei Schwankungskomponenten durchgeführt. Die Messergebnisse bestätigen die Analogie zwischen den Anfangsstadien des wandinduzierten Strömungsumschlags und dem Grenzfall der Zweikomponententurbulenz an der Wand. Ein Grenzschichtprofil erstreckt sich in diesem Stadium über den gesamten Bereich von isotroper zweikomponentiger Turbulenz bis hin zu einkomponenteiger Turbulenz. Offenbar bleiben auch die ersten Stadien von Sekundärinstabilität recht gut durch das Zweikomponentenlimit im „Invariantendiagramm“ beschreibbar. Durch die zunehmende Intermittenz ergibt sich eine klare Dominanz der Stromab-Schwankungskomponente und somit eine Bewegung in Richtung des Eckpunktes in der Invariantenkarte, die dem Einkomponentenlimit entspricht.

Literaturverzeichnis

Afzal, N. and Yajnik, K., 1973, " Analysis of turbulent pipe and channel flows," *J. Fluid Mech.*, Vol. 61, pp. 23-31.

Alfredsson, P.H., Johansson, A.V., Haritonidis, J.H. & Eckelmann, H., 1988, " The fluctuating wall-shear stress and the velocity field in the viscous sublayer," *Phys. Fluids*, Vol. 31, pp.1026-1033.

Antonia, R.A., Teitel, M., Kim, J. and Browne, L.W.B., 1992, " Low-Reynolds number effects in a fully developed channel flow," *J. Fluid Mech.*, Vol. 236, pp. 579-605.

Bakewell, H.P. and Lumley, J. 1967, " Viscous sublayer and adjacent wall region in turbulent pipe flow," *Phys. Fluids*, Vol 10, pp. 1880-1889.

Boussinesq, J., 1877, " Mem. pres. par div. savant a l'acad sci. Paris, Vol. 23, p. 46

Bradshaw, P., 1967, " 'Inactive' motion and pressure fluctuation in turbulent boundary layers," *J. Fluid Mech.*, Vol. 30, pp. 241-258.

Bradshaw, P., 1987, " Introduction to the section on wall flows," *Turbulent Shear Flows 5*, edited by F. Durst *et al.*, Springer-Verlag, Berlin, pp. 171-175.

Bradshaw, P. and Huang, G.P., 1995, " The law of the wall in turbulent flow," *Proc. Roy. Soc.* A, Vol. 451, pp. 165-188.

Chou, P.Y., 1945, " On the velocity correlation and the solution of equation of turbulent fluctuation.," Quart. Appl. Math., Vol. 3, pp.38-54

Chou, P.Y., 1945, " Pressure flow of a turbulent fluid between two infinite parallel planes," Quart. Appl. Math., Vol. 3, pp.198-209

Clark, J.A., 1968, " A study of incompressible turbulent boundary layers in channel flows," *J. Fluids Eng.*, Vol. 90, pp. 455-468.

Comte-Bellot, G., 1965, " Ecoulement turbulent entre deux parois paralleles," Publications Scientifiques et Techniques du Ministere de l'Air no. 419.

Davydov, B.I., 1961, " On the statistical dynamics of an incompressible turbulent fluid," *Dokl. Akad. Nauk SSSR* , Vol 136, pp. 47-50.

Dean, R.B., 1978, " Reynolds number dependence of skin friction and other bulk flow variables in two-dimensional rectangular duct flow," *Trans. ASME, J. Fluids Engng.*, Vol. 100, pp. 215-223

Dryden, H.L., 1953, " Review of Published Data on the Effekt of Roughness on Transition from Laminar to Turbulent Flow," J. Aer. Sci., pp. 477ff

Durst, F., Melling, A., Whitelaw. J.H., 1987, " Theorie und Praxis der Laser-Doppler-Anemometrie, G. Braun Karlsruhe

Durst, F., Martinuzzi, R., Sender, J. and Thevenin, D., 1992, " LDA measurements of mean velocity, rms value, and high-order moments of turbulence intensity fluctuations in flow fields with strong velocity gradients," *6th International Symposium on Application of Laser Techniques to Fluid Mechanics, Lisbon, Portugal*, pp. 5.1.1-5.1.6

Durst, F., Jovanović, J. and Sender, J., 1995, " LDA measurements in the near-wall region of a turbulent pipe flow," *J. Fluid Mech.*, Vol. 295, pp. 305-355.

Durst, F., Kikura, H., Lekakis, I., Jovanović, J. and Ye, Q.-Y., 1996*a*, " Wall shear stress determination from near-wall mean velocity data in turbulent pipe and channel flows," *Exp. Fluids*, Vol. 67, pp. 257-271.

Durst, F., Fischer, M., Kikura, H., Jovanović, J., 1996*b* " Laser-Doppler-Measurements of near wall turbulent flows," 4th International Workshop on Electrochemical Flow Measurements - Fundamentals and Applications, Lahnstein, Germany

Durst, F., Fischer, M., Unger, T., 1997*a*, " Detailed Measurements of the Near Wall Region of Turbulent Channel Flows," Euromech 3rd European Fluid Mech. Conference, Göttingen, Germany

Durst, F., Fischer, M., Schenck, T., 1997*b*, " Investigation of Low Reynolds Number, Fully Developed Turbulent Channel Flows," Turbulenz und Strömungstechnik, Siegen, Germany, pp. 21-33

Durst, F., Fischer, M., Jovanović, J. and Kikura, H., 1998*a*, " Methods to set-up and investigate low Reynolds number, fully developed turbulent plane channel flows," *ASME J. Fluids Eng.*, Vol.120, pp. 496-503.

Durst, F., Fischer, M., Jovanović, J., 1998*b*, " Low Reynolds Number Effects on Turbulent Pipe and Channel Flows," 25th National and 1st International Conference on Fluid Mechanics & Fluid Power, Delhi, India, December 15-17, pp. 784-793

Eckelmann, H., 1974, " The structure of the viscous sublayer and the adjacent wall region in a turbulent channel flow," *J. Fluid Mech.*, Vol. 65, pp. 439-459.

Eggels, J.G.M., Unger, F., Weiss, M.H., Westerweel, J., Adrian, R.J., Friedrich, R. and Nieuwstadt, F.T.M., 1994, " Fully developed turbulent pipe flow: A comparison between direct numerical simulations and experiment," *J. Fluid Mech.*, Vol. 268, pp. 175-209.

El Telabany, M.M.M. and Reynolds, A.J., 1980, " Velocity distributions in plane turbulent channel flows," *J. Fluid Mech.*, Vol. 100, pp. 1-29.

El Telabany, M.M.M. and Reynolds, A.J., 1981, " Turbulence in plane channel flows," *J. Fluid Mech.*, Vol. 111, pp. 283-318.

Fage, A. and Townend, H.C.H., 1932, " An examination of turbulent flow with an ultramicroscope," *Proc. Roy. Soc. London*, Vol. 135, pp. 656-677.

Falco, R.E., 1977, " Coherent motions in the outer region of turbulent boundery layers," *Phys. Fluids*, Vol. 10, pp. 124-133.

Falco, R.E. and Gendrich, C.P., 1989, " The turbulence burst detection algorithm," *Near-Wall Turbulence 1988 Z. Zarić Memorial Conference*, edited by S.J. Kline and N.H. Afgan, Hemisphere New York.

Fischer, M., Jovanović, J., Volkholz, P., 1997 " Reynoldszahl-Abhängigkeit wandnaher Strömungseigenschaften am Beispiel einer zweidimensionalen Kanalströmung," 8. STAB-Workshop; 11.11.-12.11.1997; DLR Göttingen

Fischer, M., Durst, F., Jovanović, J., 1998*a*, " Reynolds Number-Influence on Near Wall Behaviour of Statistical Properties in Turbulent Channel Flows," ASME Fluids Engineering Division Summer Meeting; June 21-25, 1998; Washington D.C.

Fischer, M., Schenck, T., Durst, F., 1998*b*, " Zur Größe von LDA-Messvolumen: Korrekturen, Limitationen, Anwendungen," Lasermethoden in der Strömungsmesstechnik (GALA), 6. Fachtagung; 28.-30. September 1998, Universität GH Essen, pp. 39.1-39.6

Fischer, M., Durst, F., Jovanović, J., 1999*a* " Reynolds Number Dependence of Near Wall Turbulent Statistics in Channel Flows," Laser Techniques Applied to Fluid Mechanics; Selected Papers from the 9th International Symposium in Lisbon, in print

Fischer, M., Durst, F., Jovanović, J., 1999*b*, " Near Wall Behaviour of Statistical Properties in Turbulent Flows," Turbulence and Shear Flow Phenomena -1, September 12- 15, 1999; Santa Barbara, California, pp. 291-296

Fischer, M. , Jovanović, J., Durst, F., 2000*a* " Reynolds Number Effects in the Near Wall Region of Turbulent Channel Flows," submitted for publication

Fischer, M., Jovanović, J., Durst, F., 2000*b* " Near Wall Behaviour of Statistical Properties in Turbulent Flows," International Journal of Heat and Fluid Flow; accepted for publication

Fontaine, A.A. and Deutsch, S., 1995, " Three-component, time-resolved velocity statistics in the wall region of a turbulent pipe flow," *Exp. Fluids*, Vol. 18, pp. 168-173.

Gersten, K., Herwig, H., 1992, " Strömungsmechanik," Vieweg, Braunschweig/Wiesbaden

Gersten, K.; Herwig, H., (1997), Private Kommunikation

Gilbert, N. and Kleiser, L., 1991, " Turbulence model testing with the aid of direct numerical simulation results," *Proc. 8th Symp. on Turbulent Shear Flows*, TU of Münich, pp. 26.1.1-26.1.6.

Goldstein, R.J. and Adrian, R.J., 1971, " Measurements of fluid velocity and gradient using laser-Doppler techniques," *Rev. Sci. Instrum.* Vol. 42, pp. 1317

Günther, D.V., Papavassiliou, D.D., Warholic, M.D. and Hanratty, T.J., 1998, " Turbulent flow in a channel at low Reynolds number," *Exp. Fluids*, Vol. 25, pp. 503-511.

Hinze, O.J., 1962, " Turbulent pipe flow," in *Mécanique de la Turbulence*, Paris, pp. 129-165.

Hinze, O.J., 1975, " *Turbulence*," 2nd edn., p. 600, McGraw-Hill, New York.

Howarth, L., 1938, " On the Solution of the Lamainar Boundary Layer Equations," Proc. Roy. Soc. London A, Vol. 164, pp. 547ff

Horiuhi. K., 1992, " Establishment of the DNS database of turbulent transport phenomena, *Rep. Grants-in-aid for scientific research*, No. 02302043.

Hussain, K.M.F. and Reynolds, W.C., 1970, " The mechanics of an organized wave in turbulent shear flow," *J. Fluid Mech.*, Vol. 41, pp. 241-258.

Johansson, A.V. and Alfredsson, P.H., 1982, " On the structure of turbulent channel flow," *J. Fluid Mech.*, Vol. 122, pp. 295-314.

Jovanović, J., 1984, " Statistical analysis and structure of wall turbulence," Dissertation, Faculty of Mechanical Enginieering, University of Belgrade.

Jovanović, J., Ye, Q.-Y. and Durst, F., 1992, " Refinement of the equation for the determination of turbulent micro-scale," *Universität Erlangen-Nürnberg Rep.* LSTM 349/T/92.

Jovanović, J., Ye, Q.-Y. and Durst, F., 1995, " Statistical interpretation of the turbulent dissipation rate in wall-bounded flows," *J. Fluid Mech.* , Vol. 293, pp. 321-347.

Jovanović, J., Ye, Q.-Y., Jakirlić, S. and Durst, F., 1996, " Turbulence closure for dissipation rate correlations," submitted to *J. Fluid Mech.*

Kasagi, N. and Shikazono, N., 1995, " Contribution of direct numerical simulation to understanding and modeling turbulent transport," *Proc. Roy. Soc.* A, Vol. 451, pp. 257-292.

Kim, H.T., Kline, S.J. and Reynolds, W.C., 1971, " The production of turbulence near smooth wall in a turbulent boundary layer," *J. Fluid Mech.*, Vol. 50, pp. 133-160.

Kim, J., Moin, P. and Moser, R., 1987, " Turbulence statistics in fully developed channel flow at low Reynolds number," *J. Fluid Mech.*, Vol. 177, pp. 133-166.

Kline, S.J., Reynolds, W.C., Schraub, F.A. and Runstadlet, W.P., 1967, " The structure of turbulent boundary layers," *J. Fluid Mech.*, Vol. 30, pp. 741-773.

Kolmogorov, A.N., 1941, " Local structure of turbulence in an incompressible fluid at very high Reynolds numbers," *Dokl. Akad. Nauk SSSR* , Vol. 30, pp. 299-303.

Kraemer, K., 1961, " Über die Wirkung von Stolperdrähten auf den Grenzschichtumschlag," Z. Flugwiss., Vol. 9, pp. 20ff

Kreid, D. K., 1974, " Laser-Doppler velocimetry measurements in nonuniform flow: error estimates," Appl. Optics, Vol. 13, pp. 1872ff

Kreplin, H. and Eckelmann, H., 1979, " Behavior of three fluctuating velocity components in wall region," *Phys. Fluids*, Vol. 22, pp. 1233-1239.

Kuroda, A.; Kasagi, N. and Hirata, M., 1989, " A direct numerical simulation of the fully developed turbulent channel flow," *Proc. Int. Symp. on Computational Fluid Dynamics*, Nagoya, pp. 1174-1179.

Kuroda, A., Kasagi, N. and Hirata, M., 1993, " Direct numerical simulation of the turbulent plane Couette-Poiseulle flows: Effect of mean shear on the near wall turbulence structures," *Proc. 9th Symp. on Turbulent Shear Flows*, Kyoto, pp. 8.4.1-8.4.6.

Laufer, J., 1950, " Investigation of turbulent flow in a two-dimensional channel," *NACA TN 2123*

Laufer, J., 1953 " The structure of turbulence in fully developed pipe flow," NACA TN 2954.

Le, H. and Moin, P., 1994, " Direct numerical simulation of turbulent flow over a backward facing step, Rep. TF-58. Thermosciences Devision, Dept. of Mech. Engng., Stanford University.

Lienhart, H. and Böhnert, T., 1992, " Grenzschichtmessungen an einem Laminarflügelprofil mit einem Laser-Doppler-Anemometer, DGLR-Bericht 92-7, 471-476.

Lumley, J.L. and Newman, G., 1977, " The return to isotropy of homogeneous turbulence," *J. Fluid Mech.*, Vol. 82, pp. 161-178.

Lumley, J.L., 1978, " Computational modeling of turbulent flows," *Adv. Appl. Mech.*, Vol. 18, pp. 123-176.

Lyons, S.L., Hanratty, T.J. and McLaughlin, J., 1991, " Large-scale computer simulation of fully developed turbulent channel flow with heat transfer," *Int. J. Numer. Methods Fluids*, Vol. 13, pp. 999-1028.

Mansour, N.N., Moser, R.D. and Kim, J., 1998 " Fully developed turbulent channel flow simulation," *AGARD Rep.* no. 345.

Melling, A., 1973, " The influence of the velocity gradient broadening on mean and rms velocities measured by laser anemometry, Imperial College, Mech. Eng. Dept. Report HTS/73/33

Niederschulte, M.A., Adrian, R.J. and Hanratty, T.J., 1990, " Measurements of turbulent flow in a channel at low Reynolds numbers," *Exp. Fluids*, Vol. 9, pp. 222-230.

Nikuradse, J., 1932, " Gesetzmäßigkeiten der turbulenten Strömung in glatten Rohren," Forschungsheft 356, Ausgabe B, Band 3, VDI-Verlag, Berlin.

Phillips, W.R.C., 1987, " The wall region of a turbulent boundary layer," *Phys. Fluids*, Vol. 30, pp. 2354-2361.

Perry, A. E. and Abell, C.J., 1975, " Scaling laws for pipe-flow turbulence," *J. Fluid Mech.*, Vol. 67, pp. 257-271.

Popovich, A.T. and Hummel, R.L., 1967, " Experimental study of the viscous sublayer in turbulent pipe flow," AIChE J., Vol. 13, pp. 854.

Reichardt, H., 1938, " Messungen turbulenter Schwankungen," *Naturwissenschaften J.*, Vol 26, pp. 404-408.

Reynolds, O., 1883 " An experimental investigation of the circumstances which determine whether the motion of water shall be direct or sinuous, and of the law of resistance in parallel channels," Phil. Trans. R. Soc., Vol 174, pp. 935-982

Reynolds, W.C., 1984, " Physical and analytical foundations, concepts and new directions in turbulence modeling and simulation," in *Turbulence models and their application* (ed. B.E. Launder, W.C. Reynolds, W. Rodi, J. Mathieu and D. Jeandel), Vol. 2, pp. 150-294, EDF-INRIA, Paris.

Rodi, W. and Mansour, N.N., 1993, " Low Reynolds number $k-\epsilon$ modelling with the aid of direct simulation data," *J. Fluid Mech.*, Vol. 250, pp. 509-529.

Rogallo, R.S., 1981, " Numerical experiments in homogeneous turbulence," *NASA Tech. Mem.* 81315.

Schlichting, H., 1968 " *Boundary-Layer Theory* ," 6th edn., p. 453, McGraw-Hill.

Schlichting, H., 1965 " *Grenzschicht-Theorie*," 5. Auflage, Verlag G. Braun, Karlsruhe, pp. 570ff

Schumann, U., 1973, " Verfahren zur direkten numerischen Simulation turbulenter Strömungen in Platten- und Ringspaltkanälen über seine Anwendung zur Untersuchung von Turbulenzmodellen," Dissertation, University of Karlsruhe.

Shih, T.-H. and Lumley, J.L., 1993, " Kolmogorov behavior of near-wall turbulence and its application in turbulence modeling," *Comp. Fluid Dyn.*, Vol. 1, pp. 43-56.

Spalart, P.R., 1986, " Numerical study of sink-flow boundary layers," *J. Fluid Mech.*, Vol. 172, pp. 307-328.

Spalart, P.R., 1988, " Direct simulation of a turbulent boundary layer up to R_θ=1410," *J. Fluid Mech.*, Vol. 187, pp. 61-98.

Taylor, G.I., 1938, " The spectum of turbulence," Proc. Roy. Soc. London A, Vol. 164, pp. 476-490

Tennekes, H., and Lumley, J.L., 1972, " *A First Course in Turbulence*," MIT Press, Cambridge, MA.

Wei, T. and Willmarth, W.W., 1989, " Reynolds-number effects on the structure of a turbulent channel flow," *J. Fluid Mech.*, Vol. 204, pp. 57-95.

Winter, A.R.; Graham, W. J. W. and Bremhorst, K., 1991 " Velocity bias assosiated with laser Doppler Anemometer controlled processors, J. Fluids Engng., pp. 250-255

Yajnik, K.S., 1970, " Asymptotic theory of turbulent shear flow," *J. Fluid Mech.*, Vol. 42, pp. 441-427.

Zarić, Z., 1972, " Wall turbulence studies," *Adv. Heat Transfer* , Vol. 8, pp. 285-350.

Danksagung

Die vorliegende Arbeit entstand während einer Tätigkeit als wissenschaftlicher Mitarbeiter am Lehrstuhl für Strömungsmechanik der Universität Erlangen-Nürnberg. Mein Dank gilt allen, die zum Gelingen dieser Arbeit beigetragen haben.

Herr Prof. Dr. Dr. h.c. Franz Durst als Leiter des Lehrstuhls ermöglichte diese Arbeit mit ihrer interessanten und herausfordernden Themenstellung. Er hat den Fortgang der Arbeit durch sein großes Interesse durch eine Vielzahl von Anregungen gefördert. Hierfür und für die Übernahme des Referates möchte ich mich ganz herzlich bedanken.

Zu besonderem Dank bin ich auch Herrn Dr.-Ing. Jovan Jovanović, dem Leiter der Turbulenzgruppe, verpflichtet. Während der engen Zusammenarbeit konnte ich vieles von ihm lernen. Insbesondere sein umfangreiches Fachwissen zur Turbulenz und zu deren Modellierung war von großem Nutzen für den Gehalt meiner Arbeit.

Bei Herrn Prof. Dr.-Ing. Cameron Tropea möchte ich mich ganz herzlich für das Interesse an meiner Arbeit und die Übernahme des Koreferates bedanken.

Die enge Zusammenarbeit und der intensive Gedankenaustausch mit meinem Kollegen Dr.-Ing. Thoralf Schenck waren mir immer eine Freude. Seine große Hilfsbereitschaft hat mir in so mancher Situation weitergeholfen.

Dr.-Eng. Hiroshige Kikura war es, der mich am Beginn meiner Tätigkeit am LSTM in die Laser-Doppler-Anemometrie einführte. Hierfür und für seine kollegiale Art bedanke ich mich.

Für die angenehme Zusammenarbeit und die fruchtbaren Gespräche möchte ich mich bei allen meinen Kollegen am Lehrstuhl für Strömungsmechanik bedanken. Besonders möchte ich an dieser Stelle die Mitglieder der Gruppen Aerodynamik und Turbulenz erwähnen: Dr.-Ing. Stefan Becker, M. Sc. Özgür Ertunc, Dipl.-Ing. Hermann Lienhart, Dipl.-Phys. Hans-Jürgen Miller, Dipl.-Math. Ivan Otić, Dipl.-Phys. Mira Pashtrapanska, M. Sc. Ahmed Al-Salaymeh, Dr.-Ing. Qiao-yan Ye. und M. Sc. El-Sayed Zanoun, Mein Dank gilt auch Prof. Peter Bradshaw und Prof. Hassan Nagib für ihre interessanten Anregungen und Kommentare während ihres Aufenthaltes in Erlangen.

Meiner Frau Irmgard danke ich für ihre umfassende Unterstützung und für die Durchsicht des Textes.

Die in dieser Arbeit dargestellten Untersuchungen wurden finanziell gefördert durch die DFG-Projekte Du 101/42-1, Du 101/16-1, Du 101/16-2, Du 101/44-1, Du 101/44-2, Du 101/49-1 und Du 101/54-1 und durch verschiedene Industrieprojekte, von denen ich hier die Zusammenarbeit mit der Firma Norsk Hydro ASA hervorheben möchte.

Erlangen, im Dezember 1999

Martin Fischer

Lebenslauf

Angaben zur Person

Name :	Martin Fischer
Geburtsdatum :	09.05.1969
Geburtsort :	Bamberg
Familienstand :	verheiratet, ein Kind
Staatsangehörigkeit :	deutsch

Ausbildung

1979 - 1988	Franz-Ludwig-Gymansium Bamberg, Humanistischer Zweig
1988 - 1994	Studium der Physik an der Universität Erlangen-Nürnberg
	Diplomarbeit auf dem Gebiet der Hochtemperatur-Supraleitung
1994	Haupt-Diplom
1994 - 1995	Anstellung am Bayerischen Laserzentrum
Seit 1995	Wissenschaftlicher Mitarbeiter am Lehrstuhl
	für Strömungsmechanik der Universität Erlangen-Nürnberg

Zeitfracht Medien GmbH
Ferdinand-Jühlke-Straße 7
99095 Erfurt, Deutschland
produktsicherheit@kolibri360.de